ライブラリ新数学大系＝E6

理工基礎 ベクトル解析

筧　三郎・米田　元　共著

サイエンス社

サイエンス社のホームページのご案内
http://www.saiensu.co.jp
ご意見・ご要望は　rikei@saiensu.co.jp　まで．

まえがき

本書はベクトル解析の標準的な教科書を目指して書いたものである．独習書，大学院入試の準備としても使えるようにした．

ベクトル解析とは　大学数学の基礎教養として，線形代数学，微分積分学が大事であることは言うまでもない．それらから一歩進んで，自然現象を解析する道具の1つとして位置づけられるのがベクトル解析である．スカラーとベクトルを点ごとに定める場という概念を導入し，その積分や微分を扱う．ガウスの定理など，有名で役に立つ定理も扱う．

本書の特徴　スカラー場，ベクトル場，積分，微分などベクトル解析の中心的な役割を持つ事柄の説明は，奇をてらわずスタンダードなものを目指した．特に2次元のものは丁寧に説明した．3次元のものは，2次元からの拡張が直接的なものは簡易な説明に留め，拡張が直接的でないものは丁寧な説明を心がけた．また，直観的な理解を重視し，図や具体例などを豊富に用いて理解の助けとする工夫をした．

読み進める順番　本書を独習したり，授業で扱ったりする場合の読み進める順番について述べておく．1, 2章は準備なので，軽く読み飛ばしてもよいし，準備が足りないと思ったらしっかり読んでもよい．3章がベクトル解析の入口である．次の積分（4, 5, 6章）と微分（7, 8, 9章）はどこから読んでも構わない．4～6章では，3章までの知識で読める．標準的な形としては，4, 5, 6, 7, 8, 9章と読み進めることを薦めるが，7, 8, 9, 4, 5, 6章の順番でも全く構わない．その次は，10, 11, 12, 13章を順番に読み進めて欲しい．14章，付録は，興味や時間に余裕があったら読むということで構わない．特に付録は節ごとに独立しているので，どれを読むかの選択も，読む順番も自由である．

謝辞

最後に，この本を書く機会を与えてくださった足立恒雄先生，出版に際してお世話になりましたサイエンス社の田島伸彦氏，鈴木綾子氏，岡本健太郎氏に感謝申し上げます．

2018 年 4 月

著者

目　次

第1章

線形代数の復習

本書の主題であるベクトル解析では，ベクトルに値をとる関数に対して微分，積分を行うことになるので，ベクトル，および（多変数の）微分積分の基礎知識が必要となる．本章では，まずは線形代数に関して，以下で必要となる知識をまとめておく．直観的な説明を重視して細部の証明は省略したので，より詳しい内容については，線形代数の教科書（例えば参考文献 [1], [2]）を参照していただきたい．

1.1　ベクトルとその演算

平面上，または空間内において，点 A を始点，点 B を終点とする**有向線分** (oriented curve)（向きのついた線分．もっと簡単に言えば,「矢印」）を $\overrightarrow{\mathrm{AB}}$ と表す．簡単のため，特別な点 O を固定して常にそこを始点として $\boldsymbol{p}=\overrightarrow{\mathrm{OP}}$ と表す場合もある（**位置ベクトル** (position vector)）．2 つの有向線分 $\overrightarrow{\mathrm{AB}}$, $\overrightarrow{\mathrm{CD}}$ において，始点，終点が違っていても，平行移動で重なる場合には

$$\overrightarrow{\mathrm{AB}}=\overrightarrow{\mathrm{CD}}\ (=\boldsymbol{a}\ \text{と置く})$$

として「同じ」とみなしたものを**ベクトル**という．以下，本書ではベクトルを $\boldsymbol{a}, \boldsymbol{b}$ などのように，太字で表す.（手で書く場合には，$\mathbb{a}$, $\mathbb{b}$，$\mathbb{c}$ などのようにする．また，$\vec{a}$, $\vec{b}$ などのように，矢印を付けてベクトルを表す場合もある.）

平面に座標系を導入すれば，ベクトルを数の組（**数**(すう)**ベクトル** (number vector)）として表すことができる．

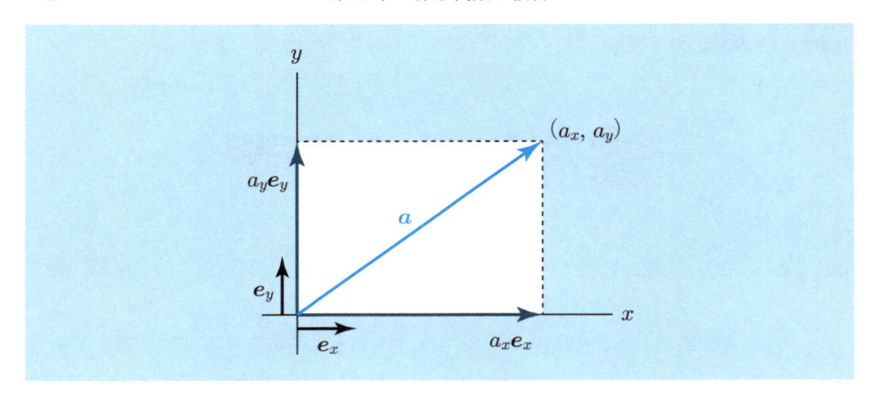

この図において，$\boldsymbol{e}_x$, $\boldsymbol{e}_y$ は互いに直交する**単位ベクトル** (unit vector)（すなわち，長さ1のベクトル）である．互いに直交する単位ベクトルの組 $\{\boldsymbol{e}_x, \boldsymbol{e}_y\}$ は**正規直交基底** (orthonormal basis) と呼ばれる．正規直交基底 $\{\boldsymbol{e}_x, \boldsymbol{e}_y\}$ を1組選ぶと，$\boldsymbol{a}$ は実数 a_x, a_y を用いて

$$\boldsymbol{a} = a_x\,\boldsymbol{e}_x + a_y\,\boldsymbol{e}_y$$

と一意的に表される．このとき，a_x を $\boldsymbol{x}$ **成分**，a_y を $\boldsymbol{y}$ **成分**といい，平面ベクトル $\boldsymbol{a}$ を2個の数を並べたものとして表す.

$$\boldsymbol{a} = (a_x, a_y)$$

この表し方を $\boldsymbol{a}$ の**成分表示** (represented by component) という．座標系の各軸の正方向の単位ベクトルを**基本ベクトル** (fundamental vector, standard basis, natural basis) といい，基本ベクトル $\boldsymbol{e}_x$, $\boldsymbol{e}_y$ 自身の成分表示は,

$$\boldsymbol{e}_x = (1, 0)\,, \quad \boldsymbol{e}_y = (0, 1)$$

である.

例題 1.1

平面のある正規直交基底 $\{\boldsymbol{e}_x, \boldsymbol{e}_y\}$ に対して，別の正規直交基底 $\{\boldsymbol{e}_X, \boldsymbol{e}_Y\}$ を次で与える．

$$\boldsymbol{e}_X = \frac{1}{2}\boldsymbol{e}_x - \frac{\sqrt{3}}{2}\boldsymbol{e}_y, \quad \boldsymbol{e}_Y = \frac{\sqrt{3}}{2}\boldsymbol{e}_x + \frac{1}{2}\boldsymbol{e}_y$$

正規直交基底 $\{\boldsymbol{e}_x, \boldsymbol{e}_y\}$ の定める座標系で (a_x, a_y) と成分表示されるベクトルを考える．このとき，$\{\boldsymbol{e}_X, \boldsymbol{e}_Y\}$ の定める座標系での $\boldsymbol{a}$ の成分表示を求めよ．

解答 与えられた $\boldsymbol{e}_X$, $\boldsymbol{e}_Y$ の定義式より，

$$\boldsymbol{e}_x = \frac{1}{2}\boldsymbol{e}_X + \frac{\sqrt{3}}{2}\boldsymbol{e}_Y, \quad \boldsymbol{e}_y = -\frac{\sqrt{3}}{2}\boldsymbol{e}_X + \frac{1}{2}\boldsymbol{e}_Y$$

である．これを用いれば，

$$\begin{aligned}\boldsymbol{a} &= a_x\boldsymbol{e}_x + a_y\boldsymbol{e}_y = a_x\left(\frac{1}{2}\boldsymbol{e}_X + \frac{\sqrt{3}}{2}\boldsymbol{e}_Y\right) + a_y\left(-\frac{\sqrt{3}}{2}\boldsymbol{e}_X + \frac{1}{2}\boldsymbol{e}_Y\right)\\ &= \left(\frac{1}{2}a_x - \frac{\sqrt{3}}{2}a_y\right)\boldsymbol{e}_X + \left(\frac{\sqrt{3}}{2}a_x + \frac{1}{2}a_y\right)\boldsymbol{e}_Y\end{aligned}$$

と書き換えられる．よって，$\{\boldsymbol{e}_X, \boldsymbol{e}_Y\}$ の定める座標系での $\boldsymbol{a}$ の成分表示は，$\left(\frac{1}{2}a_x - \frac{\sqrt{3}}{2}a_y,\ \frac{\sqrt{3}}{2}a_x + \frac{1}{2}a_y\right)$ である．

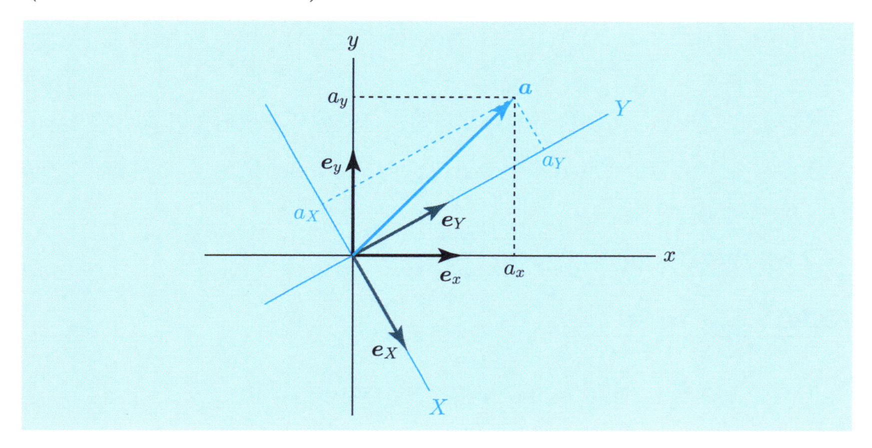

◆

空間の場合でも同様にして，ベクトルを 3 つの数の組として表すことができる．

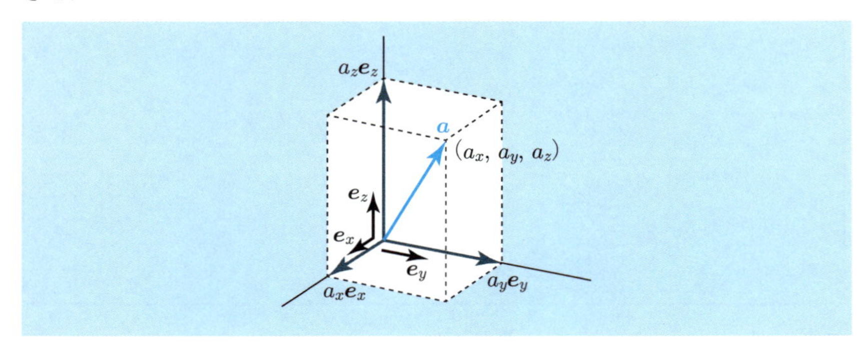

この図において，$\boldsymbol{e}_x$, $\boldsymbol{e}_y$, $\boldsymbol{e}_z$ は互いに直交する単位ベクトルであり，$\boldsymbol{a}$ は定数 a_x, a_y, a_z を用いて

$$\boldsymbol{a} = a_x\,\boldsymbol{e}_x + a_y\,\boldsymbol{e}_y + a_z\,\boldsymbol{e}_z$$

と表される．このとき，空間ベクトル $\boldsymbol{a}$ は次のようにして 3 個の数を並べたものとして表される．

$$\boldsymbol{a} = (a_x, a_y, a_z)$$

特に，基本ベクトル $\boldsymbol{e}_x$, $\boldsymbol{e}_y$, $\boldsymbol{e}_z$ は

$$\boldsymbol{e}_x = (1,0,0), \quad \boldsymbol{e}_y = (0,1,0), \quad \boldsymbol{e}_z = (0,0,1)$$

と表される．ベクトルに対する様々な演算は，成分を用いて計算することができる．まずはベクトル $\boldsymbol{a} = (a_x, a_y, a_z)$ に対する“長さ”，“定数倍（スカラー倍)” を復習しておく．

ベクトルの長さ　$|\boldsymbol{a}| = \sqrt{a_x^2 + a_y^2 + a_z^2}$

定数倍（スカラー倍）　k を定数として，

$$k\boldsymbol{a} = k\,(a_x, a_y, a_z) = (ka_x, ka_y, ka_z)$$

次に，2 つのベクトル $\boldsymbol{a} = (a_x, a_y, a_z)$, $\boldsymbol{b} = (b_x, b_y, b_z)$ に対する和，差，内積，外積を復習しておく.

和・差　$\boldsymbol{a}, \boldsymbol{b}$ の和・差 $\boldsymbol{a} \pm \boldsymbol{b}$ は対応する成分の和・差によって表される.

$$\boldsymbol{a} \pm \boldsymbol{b} = (a_x, a_y, a_z) \pm (b_x, b_y, b_z) = (a_x \pm b_x, a_y \pm b_y, a_z \pm b_z)$$

内積　2 つのベクトル $\boldsymbol{a}, \boldsymbol{b}$ の**内積** (inner product) は，本書では $\boldsymbol{a} \cdot \boldsymbol{b}$ で表すことにする.

$$\boldsymbol{a} \cdot \boldsymbol{b} = |\boldsymbol{a}|\,|\boldsymbol{b}| \cos\theta = a_x b_x + a_y b_y + a_z b_z \tag{1.1}$$

ここで θ は $\boldsymbol{a}$ と $\boldsymbol{b}$ のなす角である $(0 \leq \theta \leq \pi)$. “$|\boldsymbol{a}|\,|\boldsymbol{b}| \cos\theta$” という幾何学的に定められた量が，座標成分によって $a_x b_x + a_y b_y + a_z b_z$ と簡潔に表されることが大切である.

外積　2 つのベクトル $\boldsymbol{a}, \boldsymbol{b}$ の**外積** (outer product) は，$\boldsymbol{a} \times \boldsymbol{b}$ と表す.

$$\begin{aligned} \boldsymbol{a} \times \boldsymbol{b} &= (a_x, a_y, a_z) \times (b_x, b_y, b_z) \\ &= (a_y b_z - a_z b_y, a_z b_x - a_x b_z, a_x b_y - a_y b_x) \end{aligned} \tag{1.2}$$

ここで，$\boldsymbol{a} \times \boldsymbol{b}$ の x 成分に現れる添字は y と z，y 成分では z と x，z 成分では x と y である. このことは，$\begin{array}{ccc} & x & \\ \swarrow & & \nwarrow \\ y & \longrightarrow & z \end{array}$ という図を描くと覚えやすい.

外積 $\boldsymbol{a} \times \boldsymbol{b}$ は，次のような幾何学的性質を持つ.

(i)　$\boldsymbol{a} \times \boldsymbol{b}$ は，$\boldsymbol{a}, \boldsymbol{b}$ の双方に直交する.

$$(\boldsymbol{a} \times \boldsymbol{b}) \cdot \boldsymbol{a} = 0, \quad (\boldsymbol{a} \times \boldsymbol{b}) \cdot \boldsymbol{b} = 0$$

(ii)　$\boldsymbol{a} \times \boldsymbol{b}$ の方向は，$\boldsymbol{a}$ から $\boldsymbol{b}$ に右ねじを回したときにねじが進む方向.

(iii)　$\boldsymbol{a} \times \boldsymbol{b}$ の長さ $|\boldsymbol{a} \times \boldsymbol{b}|$ は，

$$|\boldsymbol{a} \times \boldsymbol{b}| = |\boldsymbol{a}|\,|\boldsymbol{b}| \sin\theta$$

すなわち，$|\boldsymbol{a} \times \boldsymbol{b}|$ は次の図の斜線部の面積 S と等しい[†].

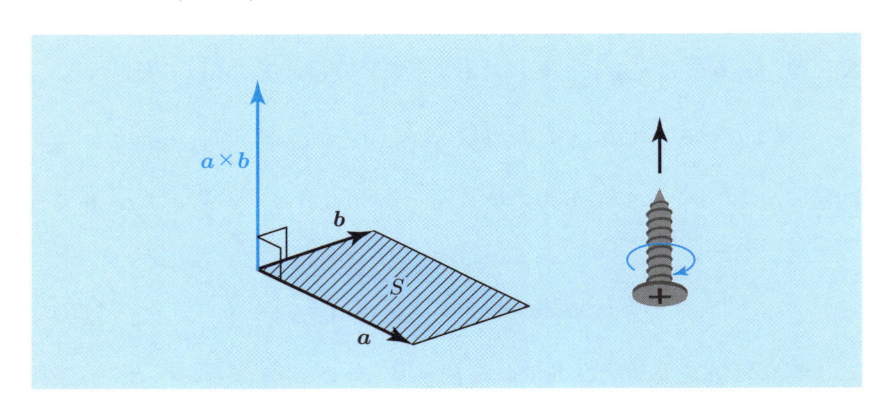

2次元ベクトル $\boldsymbol{a} = (a_x, a_y)$, $\boldsymbol{b} = (b_x, b_y)$ の外積は

$$[\boldsymbol{a}, \boldsymbol{b}] = a_x b_y - a_y b_x$$

で定義される.

問　題

1.1　xyz 空間内において，3点 $(0,0,0)$, $(3,-8,3)$, $(2,0,-6)$ を頂点とする三角形の面積を求めよ.

参考：外積の応用　ベクトルの外積は，応用上重要である.

（力学）　位置 $\boldsymbol{r}$ にある質点に力 $\boldsymbol{F}$ が働いているとき，力のモーメント $\boldsymbol{N}$ は $\boldsymbol{N} = \boldsymbol{r} \times \boldsymbol{F}$ で与えられる.

（力学）　質量 m の粒子が位置 $\boldsymbol{r}$ を速度 $\boldsymbol{v}$ で動くとき，原点周りの角運動量 $\boldsymbol{L}$ は $\boldsymbol{L} = m\boldsymbol{r} \times \boldsymbol{v}$ で与えられる.

（電磁気学）　磁場 $\boldsymbol{B}$ の中を電荷 q の荷電粒子が速度 $\boldsymbol{v}$ で動くとき，荷電粒子の受けるローレンツ力 $\boldsymbol{F}$ は $\boldsymbol{F} = q\boldsymbol{v} \times \boldsymbol{B}$ で与えられる.

---

† $\boldsymbol{a} \times \boldsymbol{b}$ の長さが，面積 S に等しいというのは，物理的な「次元」の観点からすると，あまりよい表現ではない．ここでは，両者の数値が一致するという意味である.

例題 1.2

$\boldsymbol{a} = (a_x, a_y, a_z)$, $\boldsymbol{b} = (b_x, b_y, b_z)$ に対して，次が成り立つことを証明せよ．

(1)　$(\boldsymbol{a} \times \boldsymbol{b}) \cdot \boldsymbol{a} = (\boldsymbol{a} \times \boldsymbol{b}) \cdot \boldsymbol{b} = 0$

(2)　$|\boldsymbol{a} \times \boldsymbol{b}| = |\boldsymbol{a}|\,|\boldsymbol{b}| \sin\theta$

（ただし θ は $\boldsymbol{a}$ と $\boldsymbol{b}$ のなす角で，$0 \leq \theta \leq \pi$ とする.）

解答　(1)　外積の成分表示

$$\boldsymbol{a} \times \boldsymbol{b} = (a_y b_z - a_z b_y, a_z b_x - a_x b_z, a_x b_y - a_y b_x)$$

を用いて計算すればよい．

(2)　$0 \leq \theta \leq \pi$ では $\sin\theta \geq 0$ なので，

$$|\boldsymbol{a} \times \boldsymbol{b}|^2 = |\boldsymbol{a}|^2\,|\boldsymbol{b}|^2 \sin^2\theta$$

を示せばよい．内積の公式 (1.1) より，

$$\cos\theta = \frac{\boldsymbol{a} \cdot \boldsymbol{b}}{|\boldsymbol{a}|\;|\boldsymbol{b}|}$$

であるので，

$$\begin{aligned}
&|\boldsymbol{a}|^2\,|\boldsymbol{b}|^2 \sin^2\theta \\
&= |\boldsymbol{a}|^2\,|\boldsymbol{b}|^2 \left(1 - \cos^2\theta\right) = |\boldsymbol{a}|^2\,|\boldsymbol{b}|^2 - (\boldsymbol{a} \cdot \boldsymbol{b})^2 \\
&= \left(a_x^2 + a_y^2 + a_z^2\right)\left(b_x^2 + b_y^2 + b_z^2\right) - (a_x b_x + a_y b_y + a_z b_z)^2
\end{aligned}$$

となる．これを展開して整理すれば，

$$|\boldsymbol{a} \times \boldsymbol{b}|^2 = (a_y b_z - a_z b_y)^2 + (a_z b_x - a_x b_z)^2 + (a_x b_y - a_y b_x)^2$$

と等しいことが示される．◆

1.2　行列式と面積・体積

座標平面上の 2 つのベクトル $\boldsymbol{a} = (a_x, a_y)$, $\boldsymbol{b} = (b_x, b_y)$ に対して，記号 $\det[\boldsymbol{a}, \boldsymbol{b}]$ で次の行列式を表すことにする．

$$\det[\boldsymbol{a}, \boldsymbol{b}] = \begin{vmatrix} a_1 & b_1 \\ a_2 & b_2 \end{vmatrix} = a_1 b_2 - a_2 b_1$$

幾何学的には，$\det[\boldsymbol{a}, \boldsymbol{b}]$ は $\boldsymbol{a}$, $\boldsymbol{b}$ の作る平行四辺形の**有向面積**を表す．すなわちその絶対値が面積を表し，その符号は順序付けられたベクトルの組 $\{\boldsymbol{a}, \boldsymbol{b}\}$ において，$\boldsymbol{a}$ から $\boldsymbol{b}$ に反時計回りに測った角度 θ が $0 < \theta < \pi$ なら正，$\pi < \theta < 2\pi$ なら負である．

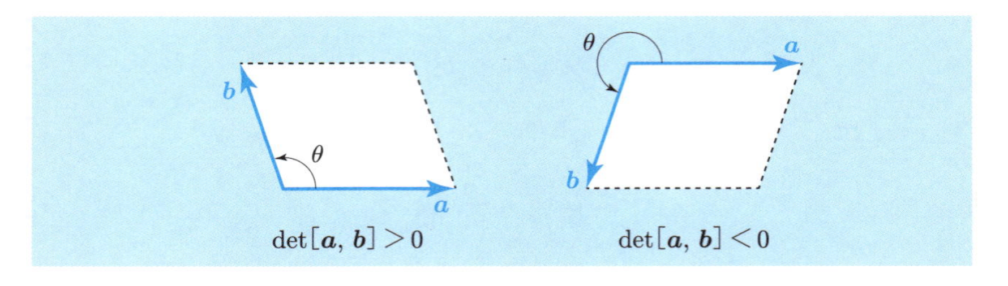

座標空間中でも，同様のことがいえる．座標空間中の 3 つのベクトル

$$\boldsymbol{a} = (a_x, a_y, a_z), \quad \boldsymbol{b} = (b_x, b_y, b_z), \quad \boldsymbol{c} = (c_x, c_y, c_z)$$

に対して，$\boldsymbol{a}$, $\boldsymbol{b}$, $\boldsymbol{c}$ の作る平行六面体を考える．このとき，$\boldsymbol{a}$, $\boldsymbol{b}$, $\boldsymbol{c}$ を並べて作った行列式

$$\begin{aligned} \det[\boldsymbol{a}, \boldsymbol{b}, \boldsymbol{c}] &= \begin{vmatrix} a_x & b_x & c_x \\ a_y & b_y & c_y \\ a_z & b_z & c_z \end{vmatrix} \\ &= a_x b_y c_z + a_y b_z c_x + a_z b_x c_y - a_x b_z c_y - a_y b_x c_z - a_z b_y c_x \end{aligned}$$

は，次の図の平行六面体の**有向体積**を表す．すなわちその絶対値が体積を表し，その符号は順序付けられたベクトルの組 $\{\boldsymbol{a}, \boldsymbol{b}, \boldsymbol{c}\}$ が右手系なら正，左手

系なら負である．3 つのベクトルの組 $\{\boldsymbol{a}, \boldsymbol{b}, \boldsymbol{c}\}$ が,「右手系」の場合はそれぞれ右手の親指，人差し指，中指に対応し,「左手系」の場合は左手のそれぞれの指に対応する．

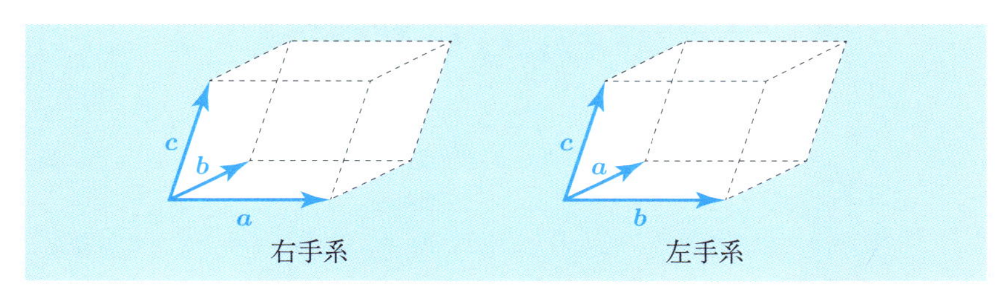

問　題

1.2　空間内の次の 4 点を頂点とする四面体の体積を求めよ．

$$\mathrm{O}(0,0,0), \quad \mathrm{A}(1,0,1), \quad \mathrm{B}(0,1,-1), \quad \mathrm{C}(1,1,1)$$

演習問題

◆**1**　$\boldsymbol{a} = (a_x, a_y, a_z)$, $\boldsymbol{b} = (b_x, b_y, b_z)$, $\boldsymbol{c} = (c_x, c_y, c_z)$ に対して，次の等式を証明せよ．

(1)　$(\boldsymbol{a} \cdot \boldsymbol{b}) \times \boldsymbol{c} = \det[\boldsymbol{a}, \boldsymbol{b}, \boldsymbol{c}]$

(2)　$(\boldsymbol{a} \times \boldsymbol{b}) \times \boldsymbol{c} = (\boldsymbol{a} \cdot \boldsymbol{c})\boldsymbol{b} - (\boldsymbol{b} \cdot \boldsymbol{c})\boldsymbol{a}$

参考　(1) の $\boldsymbol{a} \cdot (\boldsymbol{b} \times \boldsymbol{c})$ を**スカラー 3 重積**，(2) の $(\boldsymbol{a} \times \boldsymbol{b}) \times \boldsymbol{c}$ を**ベクトル 3 重積**という．

◆**2**　空間内の 4 点 O, A, B, P を次のように定める．

$$\mathrm{O}(0,0,0), \quad \mathrm{A}(1,1,0), \quad \mathrm{B}(0,1,1), \quad \mathrm{C}(x,1,2)$$

ただし x は実数とする．

(1)　O, A, B, C が 1 つの平面上にある条件を求めよ．

(2)　O, A, B, C が 1 つの平面上にないとき，$\left\{\overrightarrow{\mathrm{OA}}, \overrightarrow{\mathrm{OB}}, \overrightarrow{\mathrm{OC}}\right\}$ は右手系，左手系のどちらであるか？

第2章

微分積分の復習

この章では，大学初年度に習う微分積分から，本書に必要な部分の復習をする．既知のことばかりであれば，確認する程度で軽く読み進めてよい．知らないことがあれば，しっかり学んでから次章以降に進んで欲しい．より詳しい内容については，線形代数の教科書（例えば参考文献 [10]）を参照していただきたい．

2.1 1変数関数の微分と積分

導関数 関数 $f(x)$ に対し，

$$f'(x) := \lim_{h \to 0} \frac{f(x+h) - f(x)}{h}$$

を**導関数** (derivative) という．$x = a$ における瞬間的な x の微小増加と y の微小増加の比，$\frac{dy}{dx}$ は $f'(a)$ となる．主な関数の導関数を下に列挙した．a は定数とする．

$$(x^a)' = a\,x^{a-1}, \quad (a^x)' = \log a \cdot a^x, \quad (\log x)' = \frac{1}{x},$$
$$(\sin x)' = \cos x, \quad (\cos x)' = -\sin x, \quad (\tan x)' = \frac{1}{\cos^2 x}$$

対数 log はネイピア数 e を底とする自然対数．e^x のことを $\exp(x)$ と書く．

導関数の性質　$f(x), g(x)$ は微分可能な関数，a, b は定数とする．

(1)　$(a\,f(x) + b\,g(x))' = a\,f'(x) + b\,g'(x)$　（線形性）

(2)　$(f(x)\,g(x))' = f'(x)\,g(x) + f(x)\,g'(x)$　（積の微分法則）

(3)　$(f(g(x)))' = f'(g(x))\,g'(x)$　（合成関数の微分法則）

(4)　$\left(\dfrac{f(x)}{g(x)}\right)' = \dfrac{f'(x)g(x) - f(x)g'(x)}{g(x)^2}$　（分数関数の微分法則）

問　題

2.1　次の関数を微分せよ．(1) $\sqrt{1+x^2}$　(2) $\exp(x^2)$　(3) $\cos^2 x$

2.2　曲線 $y = \sqrt{1+x^2}$ について，$x = 1$ における接線と法線の方程式を求めよ．

次に 1 変数関数の積分について復習する．

不定積分

$$\int f(x)\,dx = \text{微分すると } f(x) \text{ になるもの}$$

と表し，**不定積分** (indefinite integral) または**原始関数** (primitive function) という．ここの $f(x)$ は**被積分関数**，x は**積分変数**という．主な関数の不定積分を下に列挙する．積分定数は省略して書いてある．

$$\int x^a dx = \frac{x^{a+1}}{a+1}\ (a \neq -1), \qquad \int a^x dx = \frac{a^x}{\log a}, \qquad \int \frac{dx}{x} = \log|x|$$

$$\int \cos x\,dx = \sin x, \qquad \int \sin x\,dx = -\cos x, \qquad \int \frac{dx}{\cos^2 x} = \tan x$$

定積分 (definite integral)　連続関数 $f(x)$ と区間 $[a, b]$ に対し

$$\int_a^b f(x)\,dx = \lim_{n\to\infty} \sum_{k=0}^{n-1} f(a + k\,dx)dx \qquad \left(dx = \frac{b-a}{n}\right)$$

とする．以下の**微積分の基本定理** (fundamental theorem of calculus) が成り立つ．

(1) $\dfrac{d}{dx}\left(\displaystyle\int_a^x f(t)dt\right) = f(x)$

(2) $\displaystyle\int_a^b f'(x)dx = f(b) - f(a)$ ($=: [f(x)]_a^b$ と書く)

積分の変数変換 (variable transformation of integration, replacement integration) 不定積分または定積分で，原始関数の求めやすさの都合などで，変数を変えるときは，以下のように行う．

(1) $\displaystyle\int f(x)\,dx = \int f(x(t))\,\frac{dx}{dt}\,dt$

(2) $\displaystyle\int_a^b f(x)\,dx = \int_{t(a)}^{t(b)} f(x(t))\,\frac{dx}{dt}\,dt$

部分積分 (integration by parts) $f(x)$, $g(x)$ は微分可能で，$f'(x)$, $g'(x)$ は連続であるとする．

(1) $\displaystyle\int f'(x)g(x)dx = f(x)g(x) - \int f(x)g'(x)\,dx$

(2) $\displaystyle\int_a^b f'(x)g(x)dx = [f(x)g(x)]_a^b - \int_a^b f(x)g'(x)\,dx$

問　題

2.3 次の不定積分を求めよ．

(1) $\displaystyle\int t\sqrt{1+t^2}\,dt$ (2) $\displaystyle\int t\cos t\,dt$ (3) $\displaystyle\int t\sin t\,dt$ (4) $\displaystyle\int t^2\cos t\,dt$

(5) $\displaystyle\int t^2\sin t\,dt$ (6) $\displaystyle\int t\cos t^2\,dt$ (7) $\displaystyle\int t\sin t^2\,dt$

2.4 次の不定積分を確かめよ．

$$\int \sqrt{1+t^2}\,dt = \frac{1}{2}t\sqrt{1+t^2} + \frac{1}{2}\log(t+\sqrt{1+t^2})$$

2.5 次の定積分の値を求めよ． (1) $\displaystyle\int_0^{2\pi} \cos^2 t\,dt$ (2) $\displaystyle\int_0^{2\pi} \sin^2 t\,dt$

(3) $\displaystyle\int_0^{\pi/2} \cos^3 t\,dt$ (4) $\displaystyle\int_0^{\pi/2} \sin^3 t\,dt$ (5) $\displaystyle\int_0^{1} \sqrt{1-t^2}\,dt$

(6) $\displaystyle\int_0^{1} \frac{1}{\sqrt{1-t^2}}\,dt$ (7) $\displaystyle\int_0^{1} \sqrt{1+t^2}\,dt$ (8) $\displaystyle\int_0^{1} \frac{1}{\sqrt{1+t^2}}\,dt$

(9) $\displaystyle\int_0^{1} t\sqrt{1+t^2}\,dt$ (10) $\displaystyle\int_0^{1} t^3\sqrt{1+t^2}\,dt$

ヒント (10) は $t^3 = t(1+t^2) - t$ と変形する．

2.2 多変数関数の微分と積分

偏微分

$$\frac{\partial f(x,y)}{\partial x} = \lim_{h\to 0} \frac{f(x+h,y)-f(x,y)}{h},$$
$$\frac{\partial f(x,y)}{\partial y} = \lim_{h\to 0} \frac{f(x,y+h)-f(x,y)}{h}$$

本書では，これらを $\partial_x f, \partial_y f$ と略して書くことが多い．

ヤコビ行列 2 つの 2 変数関数 $f(x,y)$, $g(x,y)$ が偏微分可能なとき，

$$\frac{\partial(f,g)}{\partial(x,y)} := \begin{bmatrix} \partial_x f & \partial_y f \\ \partial_x g & \partial_y g \end{bmatrix},$$
$$J := \det \frac{\partial(f,g)}{\partial(x,y)} = (\partial_x f)(\partial_y g) - (\partial_y f)(\partial_x g)$$

とする．それぞれ，**ヤコビ行列** (Jacobi matrix)，**ヤコビアン** (Jacobian) という．

極座標 (polar coordinates)

- $x = r\cos\theta, y = r\sin\theta, r = \sqrt{x^2+y^2}, \theta = \arg(x,y)$
- 標準的な範囲 $0 \le r < \infty, 0 \le \theta \le 2\pi$

- $\arg(x,y)$ は複素数 $x+iy$ $(x,y\in\mathbf{R})$ の偏角のこと．

$$\theta=\arg(x,y)$$
$$\Leftrightarrow \cos\theta=\frac{x}{\sqrt{x^2+y^2}},\ \sin\theta=\frac{y}{\sqrt{x^2+y^2}},$$
$$0\leq\theta<2\pi$$

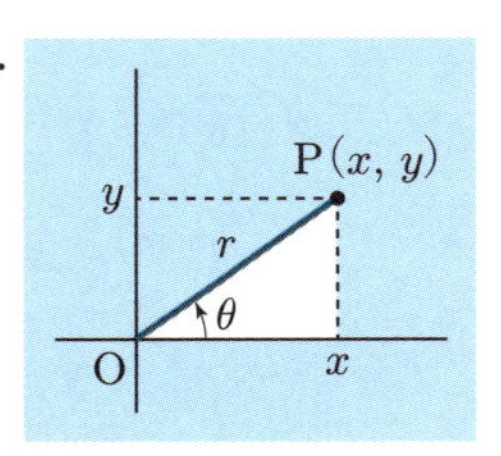

例　極座標のヤコビ行列 (1)

$$\frac{\partial(x,y)}{\partial(r,\theta)}=\begin{bmatrix}\partial_r x & \partial_\theta x\\ \partial_r y & \partial_\theta y\end{bmatrix}=\begin{bmatrix}\cos\theta & -r\sin\theta,\\ \sin\theta & r\cos\theta\end{bmatrix},\ J=r$$

合成関数の微分（2 変数関数）

(1)　3 個の全微分可能な 2 変数関数 $f(x,y),g(x,y),h(f,g)$ に対し，$h(f(x,y),g(x,y))$ も全微分可能で，次の式が成り立つ．

$$\frac{\partial}{\partial x}\{h(f(x,y),g(x,y))\}=\frac{\partial h}{\partial f}\frac{\partial f}{\partial x}+\frac{\partial h}{\partial g}\frac{\partial g}{\partial x},$$
$$\frac{\partial}{\partial y}\{h(f(x,y),g(x,y))\}=\frac{\partial h}{\partial f}\frac{\partial f}{\partial y}+\frac{\partial h}{\partial g}\frac{\partial g}{\partial y}$$

(2)　4 個の全微分可能な 2 変数関数 $f(x,y),g(x,y),h(f,g),i(f,g)$ に対し，$h(f(x,y),g(x,y))$, $i(f(x,y),g(x,y))$ も全微分可能で，次式が成り立つ．

$$\frac{\partial(h,i)}{\partial(x,y)}=\frac{\partial(h,i)}{\partial(f,g)}\frac{\partial(f,g)}{\partial(x,y)}$$

多変数関数の合成関数の微分の公式を**連鎖律** (chain rule) ともいう．

変数変換，逆変換

2 つの偏微分可能な 2 変数関数 $f(x,y),g(x,y)$ に対し，

$$\det\frac{\partial(f,g)}{\partial(x,y)}\neq 0$$

のとき，$(x,y)\mapsto(f,g)$ は**変数変換** (variable transformation) であるという．この $(x,y)\mapsto(f,g)$ に対し，

$$X(f(x,y),g(x,y))=x,\quad Y(f(x,y),g(x,y))=y$$

となる 5$(f,g)\mapsto(X,Y)$ を**逆変換** (inverse transformation) という．混乱が

なければ X, Y のことを x, y と書く.

逆変換とヤコビ行列 変数変換 $(x, y) \mapsto (f, g)$ と逆変換 $(f, g) \mapsto (x, y)$ について.

$$\frac{\partial(x,y)}{\partial(f,g)} = \left(\frac{\partial(f,g)}{\partial(x,y)}\right)^{-1}$$

例 極座標のヤコビ行列 (2)

$$\frac{\partial(r,\theta)}{\partial(x,y)} = \begin{bmatrix} \partial_x r & \partial_y r \\ \partial_x \theta & \partial_y \theta \end{bmatrix} = \begin{bmatrix} \cos\theta & \sin\theta \\ -\frac{\sin\theta}{r} & \frac{\cos\theta}{r} \end{bmatrix}$$

偏微分の変換則 変数変換 $(x, y) \mapsto (t, s)$ と逆変換 $(t, s) \mapsto (x, y)$ について.

(1) $$\frac{\partial}{\partial x} = \frac{\partial t}{\partial x}\frac{\partial}{\partial t} + \frac{\partial s}{\partial x}\frac{\partial}{\partial s}, \quad \frac{\partial}{\partial y} = \frac{\partial t}{\partial y}\frac{\partial}{\partial t} + \frac{\partial s}{\partial y}\frac{\partial}{\partial s}$$

(2) $$\frac{\partial}{\partial t} = \frac{\partial x}{\partial t}\frac{\partial}{\partial x} + \frac{\partial y}{\partial t}\frac{\partial}{\partial y}, \quad \frac{\partial}{\partial s} = \frac{\partial x}{\partial s}\frac{\partial}{\partial x} + \frac{\partial y}{\partial s}\frac{\partial}{\partial y}$$

微分作用素の極座標変換

$$\partial_r = \cos\theta\,\partial_x + \sin\theta\,\partial_y, \quad \partial_\theta = -r\sin\theta\,\partial_x + r\cos\theta\,\partial_y,$$

$$\partial_x = \cos\theta\,\partial_r - \frac{\sin\theta}{r}\,\partial_\theta, \quad \partial_y = \sin\theta\,\partial_r + \frac{\cos\theta}{r}\,\partial_\theta$$

高階偏微分 (higher-order partial differential) $\partial_x f(x, y), \partial_y f(x, y)$ が偏微分可能なとき，それらをさらに偏微分した $\partial_x\partial_x f(x, y)$, $\partial_y\partial_x f(x, y)$, $\partial_x\partial_y f(x, y)$, $\partial_y\partial_y f(x, y)$ を 2 階の**偏導関数**という．それぞれ短縮して，$\partial_x^2 f$, $\partial_y\partial_x f$, $\partial_x\partial_y f$, $\partial_y^2 f$ とも書く.

ヤングの定理 (Young's theorem) $f(x, y)$ が 2 階偏微分可能であり，2 階偏導関数が全て連続であるとき，$\partial_x\partial_y f = \partial_y\partial_x f$ となる.

ラプラシアン $f(x, y)$ は 2 階偏微分可能なとき，$\nabla^2 f(x, y) = \partial_x^2 f + \partial_y^2 f$ と置く．f のラプラシアン (Laplacian) という．恒等的に $\nabla^2 f(x, y) = 0$ となる関数 $f(x, y)$ を**調和関数** (harmonic function) という.

球座標 (spherical coordinates)

- $(x, y, z) \mapsto (r, \theta, \phi)$ の方法.
  $r = \sqrt{x^2 + y^2 + z^2}$, $\theta = \arg(z, \sqrt{x^2 + y^2})$,
  $\phi = \arg(x, y)$

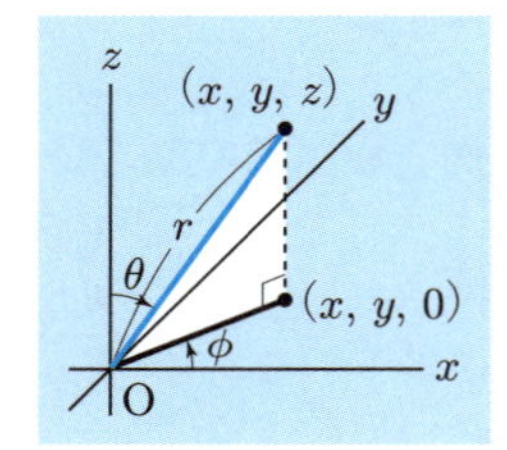

- $(r, \theta, \phi) \mapsto (x, y, z)$ の方法.

$$x = r\sin\theta\cos\phi,$$
$$y = r\sin\theta\sin\phi,$$
$$z = r\cos\theta$$

- 標準的な範囲：$0 \le r < \infty$, $0 \le \theta \le \pi$, $0 \le \phi \le 2\pi$

球座標のヤコビ行列

$$\frac{\partial(x,y,z)}{\partial(r,\theta,\phi)} = \begin{bmatrix} \partial_r x & \partial_\theta x & \partial_\phi x \\ \partial_r y & \partial_\theta y & \partial_\phi y \\ \partial_r z & \partial_\theta z & \partial_\phi z \end{bmatrix} = \begin{bmatrix} \sin\theta\cos\phi & r\cos\theta\cos\phi & -r\sin\theta\sin\phi \\ \sin\theta\sin\phi & r\cos\theta\sin\phi & r\sin\theta\cos\phi \\ \cos\theta & -r\sin\theta & 0 \end{bmatrix}$$

$$J = \det\frac{\partial(x,y,z)}{\partial(r,\theta,\phi)} = r^2\sin\theta$$

$$\frac{\partial(r,\theta,\phi)}{\partial(x,y,z)} = \begin{bmatrix} \partial_x r & \partial_y r & \partial_z r \\ \partial_x \theta & \partial_y \theta & \partial_z \theta \\ \partial_x \phi & \partial_y \phi & \partial_z \phi \end{bmatrix} = \begin{bmatrix} \sin\theta\cos\phi & \sin\theta\sin\phi & \cos\theta \\ \frac{\cos\theta\cos\phi}{r} & \frac{\cos\theta\sin\phi}{r} & -\frac{\sin\theta}{r} \\ -\frac{\sin\phi}{r\sin\theta} & \frac{\cos\phi}{r\sin\theta} & 0 \end{bmatrix}$$

微分作用素の球座標変換

$$\partial_x = \sin\theta\cos\phi\,\partial_r + \frac{\cos\theta\cos\phi}{r}\,\partial_\theta - \frac{\sin\phi}{r\sin\theta}\,\partial_\phi,$$
$$\partial_y = \sin\theta\sin\phi\,\partial_r + \frac{\cos\theta\sin\phi}{r}\,\partial_\theta + \frac{\cos\phi}{r\sin\theta}\,\partial_\phi,$$
$$\partial_z = \cos\theta\,\partial_r - \frac{\sin\theta}{r}\,\partial_\theta,$$
$$\partial_r = \sin\theta\cos\phi\,\partial_x + \sin\theta\sin\phi\,\partial_y + \cos\theta\,\partial_z,$$

$$\partial_\theta = r\cos\theta\cos\phi\,\partial_x + r\cos\theta\sin\phi\,\partial_y - r\sin\theta\,\partial_z,$$

$$\partial_\phi = -r\sin\theta\sin\phi\,\partial_x + r\sin\theta\cos\phi\,\partial_y$$

円柱座標 (cylindrical coordinates)

- $(x, y, z) \mapsto (\rho, \phi, z)$ の方法.

$$\rho = \sqrt{x^2 + y^2},\ \phi = \arg(x, y),\ z = z$$

- $(\rho, \phi, z) \mapsto (x, y, z)$ の方法.

$$x = \rho\cos\phi,$$
$$y = \rho\sin\phi,$$
$$z = z$$

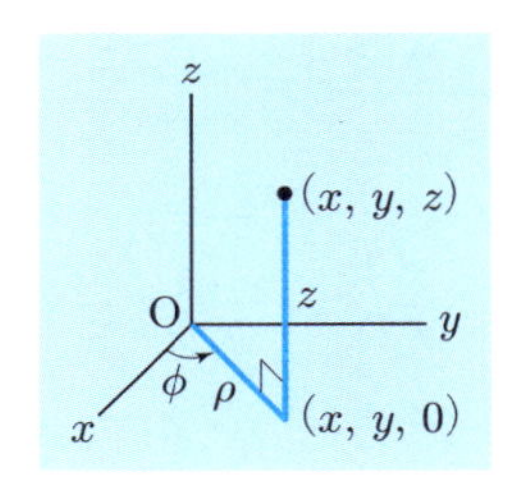

- 標準的な範囲：$0 \le \rho < \infty,\ 0 \le \phi \le 2\pi,\ -\infty < z < \infty$

円柱座標のヤコビ行列

$$\frac{\partial(x,y,z)}{\partial(\rho,\phi,z)} = \begin{bmatrix} \partial_\rho x & \partial_\phi x & \partial_z x \\ \partial_\rho y & \partial_\phi y & \partial_z y \\ \partial_\rho z & \partial_\phi z & \partial_z z \end{bmatrix} = \begin{bmatrix} \cos\phi & -\rho\sin\phi & 0 \\ \sin\phi & \rho\cos\phi & 0 \\ 0 & 0 & 1 \end{bmatrix},$$

$$J = \det\frac{\partial(x,y,z)}{\partial(\rho,\phi,z)} = \rho,$$

$$\frac{\partial(\rho,\phi,z)}{\partial(x,y,z)} = \begin{bmatrix} \partial_x \rho & \partial_y \rho & \partial_z \rho \\ \partial_x \phi & \partial_y \phi & \partial_z \phi \\ \partial_x z & \partial_y z & \partial_z z \end{bmatrix} = \begin{bmatrix} \cos\phi & \sin\phi & 0 \\ -\frac{\sin\phi}{\rho} & \frac{\cos\phi}{\rho} & 0 \\ 0 & 0 & 1 \end{bmatrix}$$

微分作用素の円柱座標変換

$$\partial_\rho = \cos\phi\,\partial_x + \sin\phi\,\partial_y,\ \partial_\phi = -\rho\sin\phi\,\partial_x + \rho\cos\phi\,\partial_y,\ \partial_z = \partial_z$$

$$\partial_x = \cos\phi\,\partial_\rho - \frac{\sin\phi}{\rho}\,\partial_\phi,\ \partial_y = \sin\phi\,\partial_\rho + \frac{\cos\phi}{\rho}\,\partial_\phi,\ \partial_z = \partial_z$$

問　題

2.6　次の関数 $f(x, y)$ について，$\partial_x f$, $\partial_y f$ を求めよ．

(1)　$x^3 y$　　(2)　$\log(x^2 + y^2)$　　(3)　$\sqrt{x^2 + y^2}$

2.7　(1)　3 次元空間内の曲面 $z = f(x, y)$ が，z 軸を中心とする回転体になる条件は $-y\partial_x f + x\partial_y f = 0$ となることを示せ．

(2)　曲面 $z = \sqrt{x^2 + y^2}$ の概形を描け．

2 重積分　xy 平面上の領域 (domain) $D \subset \mathbf{R}^2$ と，その上の連続関数 $f(x, y)$ に対し，

$$\iint_D f(x, y)\,dxdy = \{D \text{ を底面とし，} f(x, y) \text{ を高さとする物体の体積}\}$$

とする．$f(x, y)$ の D 上の **2 重積分** (double integral) という．

区分求積法（2 変数）

$$\iint_{a \le x \le b,\ c \le y \le d} f(x, y)\,dxdy = \lim_{n \to \infty} \sum_{k=1}^{n} \sum_{\ell=1}^{n} f(a + k\,dx, c + \ell\,dy) dxdy$$

ただし，$dx = \frac{b-a}{n}$, $dy = \frac{d-c}{n}$ とする．

累次積分　$D = \{(x, y) | a \le x \le b,\ g(x) \le y \le h(x)\}$ と表されるとき，次のことが成り立つ．

$$\begin{aligned}\iint_D f(x, y)\,dxdy &= \int_a^b \left\{ \int_{g(x)}^{h(x)} f(x, y)\,dy \right\} dx \\ &= \int_a^b dx \int_{g(x)}^{h(x)} dy\, f(x, y)\end{aligned}$$

2 重積分の置換積分　$f(x, y)$ は有界領域 D 上の連続関数とする．

変数変換 $(x, y) \mapsto (t, s)$ に対し，次の式が成り立つ．

$$\iint_D f(x, y)\,dxdy = \iint_{D \text{ を } t,s \text{ で書いたもの}} f(x(t, s), y(t, s)) \left| \det \frac{\partial(x, y)}{\partial(t, s)} \right| dtds$$

特に極座標では $dxdy = r\,drd\theta$ となる．

3 重積分 (triple integral)　連続な 3 変数関数 $f(x,y,z)$ に対し，次のように定義する．

$$\iiint_{a\le x\le b,\ c\le y\le d,\ e\le z\le f} f(x,y,z)\,dxdydz$$
$$= \lim_{n\to\infty}\sum_{k=1}^{n}\sum_{\ell=1}^{n}\sum_{m=1}^{n} f(a+k\,dx, c+\ell\,dy, e+m\,dz)dxdydz$$

ただし，$dx=\frac{b-a}{n}$，$dy=\frac{d-c}{n}$，$dz=\frac{f-e}{n}$ とする．

直方体ではない領域 D については，D を含む直方体 K を考え，D 内では f と等しく，D 外では 0 になる関数を K 上で積分したものを，D 上での f の積分とする．

累次積分　$D=\{(x,y,z)\,|\,a\le x\le b,\ g(x)\le y\le h(x),\ i(x,y)\le z\le j(x,y)\}$ について．

$$\iiint_D f(x,y,z)\,dxdydz = \int_a^b\left\{\int_{g(x)}^{h(x)}\left(\int_{i(x,y)}^{j(x,y)} f(x,y,z)dz\right)dy\right\}dx$$

3 重積分の置換積分　変数変換 $(x,y,z)\mapsto(t,s,u)$ について．

$$\iiint_D f(x,y,z)\,dxdydz$$
$$= \iiint_{D\text{ を }t,s,u\text{ で書いたもの}} f(x(s,t,u),y(s,t,u),z(s,t,u))\ |J|\ dtdsdu$$

ただし $J=\det\frac{\partial(x,y,z)}{\partial(s,t,u)}$ とする．

特に球座標については $dxdydz=r^2\sin\theta\,drd\theta d\phi$,

円柱座標については，$dxdydz=\rho\,d\rho d\phi dz$.

問　題

2.8　次の 3 重積分の値を求めよ．

(1)　$\displaystyle\iint_{x^2+y^2\le 1}\exp(x^2+y^2)\,dxdy$

(2)　$\displaystyle\iiint_{x^2+y^2+z^2\le 1}\frac{dxdydz}{x^2+y^2+z^2}$

(3)　$\displaystyle\iiint_{x^2+y^2\le\pi/2,\ 0\le z\le 1}\cos(x^2+y^2)\,dxdydz$

2.3 簡単な微分方程式

この本で使う簡単な微分方程式について，解法を練習しておく．

例題 2.1

変数 x，未知関数 $y(x)$ として，次の微分方程式を解け．

(1) $y' = 0$ (2) $(xy)' = 0$ (3) $y' + xy' = 0$

解答 (1) $y = c$（定数）

(2) $xy = c,\ y = \dfrac{c}{x}$ (3) $y' + xy' = (xy)' = 0,\ xy = c,\ y = \dfrac{c}{x}$ ◆

問　題

2.9 変数 x，未知関数 $y(x)$ として，次の微分方程式を解け．

(1) $(x^2 y)' = 0$ (2) $\dfrac{y'}{x} + y' = 0$ (3) $(xy')' = 0$

演習問題

◆**1** 次の関数を微分せよ．

(1) $\dfrac{1}{\sqrt{1+x^2}}$ (2) $\dfrac{x}{\sqrt{1+x^2}}$ (3) $\log(1+x^2)$

◆**2** 次の関数の不定積分を求めよ．

(1) $\dfrac{x}{1+x^2}$ (2) xe^{x^2} (3) $\dfrac{x^2}{\sqrt{1+x^2}}$

◆**3** 次の定積分の値を求めよ．

(1) $\displaystyle\int_0^{\pi} t\cos\left(\frac{t^2}{\pi}\right) dt$ (2) $\displaystyle\int_0^1 \log(1+t^2)\, dt$ (3) $\displaystyle\int_0^1 \sqrt{1+2t+t^2}\, dt$

◆**4** 次の関数の偏微分 $\partial_x f, \partial_y f$ を求めよ．

(1) $f(x,y) = (x+y)^2$ (2) $f(x,y) = e^{-x^2-y^2}$ (3) $f(x,y) = \sin x$

◆**5** 次の 2 重積分の値を求めよ．

(1) $\displaystyle\iint_{1\le x^2+y^2} \frac{dxdy}{(x^2+y^2)^2}$ (2) $\displaystyle\iint_{1\le x^2+y^2+z^2} \frac{dxdydz}{(x^2+y^2+z^2)^2}$

(3) $\displaystyle\iint_{1\le x^2+y^2\le 2,\ 0\le z\le 1} \frac{dxdy}{x^2+y^2}$

◆**6** 変数 x，未知関数 $y(x)$ として，次の微分方程式を解け．

(1) $2y + xy' = 0$ (2) $3y + xy' = 0$ (3) $-y + xy' = 0$

第3章

スカラー場とベクトル場

この章では，スカラー場とベクトル場を扱う．場というのは，点ごとに与えられているという意味で，点ごとにスカラーが与えられているのがスカラー場，点ごとにベクトルが与えられているのがベクトル場である．平面全体や空間全体の現象の状態を表す重要な役割を果たす．

3.1 座標と基本ベクトル

座標系（2 次元） 平面上の各点と，2 つの数の組合せ（座標）を対応づけることを**座標系** (coordinate system) という．座標系があれば，点から座標を求めることもできるし，座標から点を知ることもできる．

$$\text{点} \mapsto \boxed{\text{座標系}} \mapsto \text{座標} \qquad \text{座標} \mapsto \boxed{\text{座標系}} \mapsto \text{点}$$

$\mathrm{Map}(\mathbf{R}^2, \text{平面})$ は必ず全射だが，単射でなくてもよい．つまり各点に座標は必ず 1 つ以上割り振られてなくてはいけない．適当に制限を加えることで，単射にできる．

例 直交座標 (x, y)，極座標 (r, θ)

（点の）座標変換 2 つの座標系で，同じ点を表すための座標の関係を**座標変換** (coordinate transformation) という．

$$\text{座標 } 1 \mapsto \underbrace{\boxed{\text{座標系 } 1} \mapsto \text{点} \mapsto \boxed{\text{座標系 } 2}}_{\text{座標変換}} \mapsto \text{座標 } 2$$

例 2 次元：$(r, \theta) \mapsto (x, y) = (r\cos\theta, r\sin\theta)$,

$(x, y) \mapsto (r, \theta) = (\sqrt{x^2 + y^2}, \arg(x, y))$ ただし，原点 $(x, y) = (0, 0)$ は除く．

座標曲線　ある座標を変動させ，その他の座標を一定値に固定したときに描かれる線のこと．

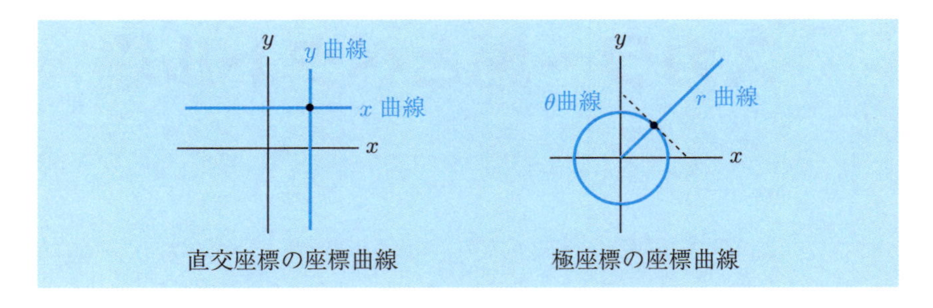

直交座標の座標曲線　極座標の座標曲線

この2つの座標系では，座標曲線が互いに直交している．このような座標系を直交曲線座標系と呼ぶこともある．一般の座標系で，そうなっている訳ではない．

基本ベクトル　座標曲線に接し，座標が増える方向を向いた単位ベクトル．

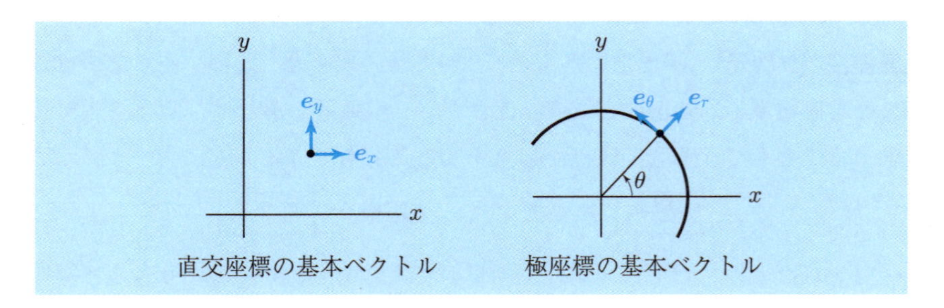

直交座標の基本ベクトル　極座標の基本ベクトル

- $\boldsymbol{e}_r, \boldsymbol{e}_\theta$ は原点では定義しない．
- 左図の $\boldsymbol{e}_x, \boldsymbol{e}_y$ は別の点を考えても変わらないのに対し，右図の $\boldsymbol{e}_r, \boldsymbol{e}_\theta$ は別の点では違った方向を向いている．
- 座標系を1つ決めると，2つの基本ベクトルができるので，各点で基底をなす．$(\boldsymbol{e}_x, \boldsymbol{e}_y)$ と同様に，$(\boldsymbol{e}_r, \boldsymbol{e}_\theta)$ も右手系の正規直交基底となる．

直交座標 (x, y) と極座標 (r, θ) の間の基本ベクトルの間には次のような関係がある．

基本ベクトルの極座標変換

(i) $\boldsymbol{e}_r = \cos\theta\,\boldsymbol{e}_x + \sin\theta\,\boldsymbol{e}_y,\ \boldsymbol{e}_\theta = -\sin\theta\,\boldsymbol{e}_x + \cos\theta\,\boldsymbol{e}_y$

(ii) $\boldsymbol{e}_x = \cos\theta\,\boldsymbol{e}_r - \sin\theta\,\boldsymbol{e}_\theta,\ \boldsymbol{e}_y = \sin\theta\,\boldsymbol{e}_r + \cos\theta\,\boldsymbol{e}_\theta$

例題 3.1

「基本ベクトルの極座標変換」の (i) を示せ.

解答 $\boldsymbol{e}_x, \boldsymbol{e}_y$ を左に θ 回転すると，それぞれ $\boldsymbol{e}_r, \boldsymbol{e}_\theta$ になる．これを回転行列 $R(\theta)$ と成分を使って表すと次のようになる.

$$\begin{aligned}
\boldsymbol{e}_r &= R(\theta)\boldsymbol{e}_x = \begin{bmatrix}\cos\theta & -\sin\theta \\ \sin\theta & \cos\theta\end{bmatrix}\begin{bmatrix}1 \\ 0\end{bmatrix} = \begin{bmatrix}\cos\theta \\ \sin\theta\end{bmatrix} \\
&= \cos\theta\,\boldsymbol{e}_x + \sin\theta\,\boldsymbol{e}_y \\
\boldsymbol{e}_\theta &= R(\theta)\boldsymbol{e}_y = \begin{bmatrix}\cos\theta & -\sin\theta \\ \sin\theta & \cos\theta\end{bmatrix}\begin{bmatrix}0 \\ 1\end{bmatrix} = \begin{bmatrix}-\sin\theta \\ \cos\theta\end{bmatrix} \\
&= -\sin\theta\,\boldsymbol{e}_x + \cos\theta\,\boldsymbol{e}_y
\end{aligned}$$

これで (i) が示された. ◆

別解 $\boldsymbol{r} = x\,\boldsymbol{e}_x + y\,\boldsymbol{e}_y$ とする.

$$\begin{aligned}
&\partial_r \boldsymbol{r} = (\partial_r x)\,\boldsymbol{e}_x + (\partial_r y)\,\boldsymbol{e}_y = \cos\theta\,\boldsymbol{e}_x + \sin\theta\,\boldsymbol{e}_y, \\
&\boldsymbol{e}_r = \frac{\partial_r \boldsymbol{r}}{|\partial_r \boldsymbol{r}|} = \cos\theta\,\boldsymbol{e}_x + \sin\theta\,\boldsymbol{e}_y, \\
&\partial_\theta \boldsymbol{r} = (\partial_\theta x)\,\boldsymbol{e}_x + (\partial_\theta y)\,\boldsymbol{e}_y = -r\sin\theta\,\boldsymbol{e}_x + r\cos\theta\,\boldsymbol{e}_y, \\
&\boldsymbol{e}_\theta = \frac{\partial_\theta \boldsymbol{r}}{|\partial_\theta \boldsymbol{r}|} = -\sin\theta\,\boldsymbol{e}_x + \cos\theta\,\boldsymbol{e}_y
\end{aligned}$$

◆

問　題

3.1 「基本ベクトルの極座標変換」の (ii) を示せ.

座標系（3 次元） 空間内の**座標系**は，空間内の各点と，3 つの数の組合せ（座標）を対応づけること.

例 3 次元：直交座標 (x, y, z)，球座標 (r, θ, ϕ)，円柱座標 (ρ, ϕ, z)

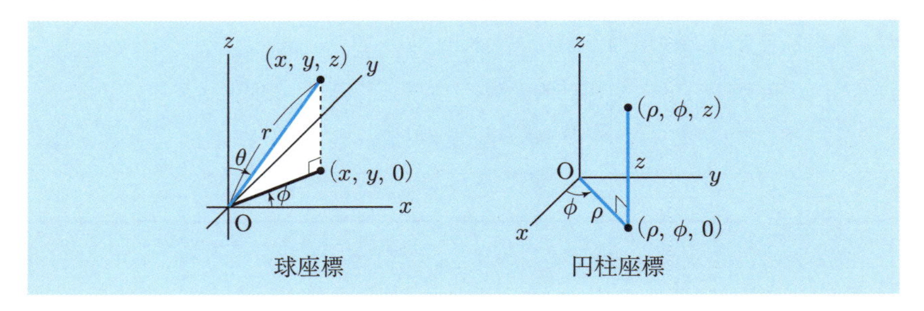

（点の）座標変換　2つの座標系で，同じ点を表すための座標の関係を**座標変換**という．

$$\text{座標 } 1 \mapsto \underbrace{\boxed{\text{座標系 } 1} \mapsto \text{点} \mapsto \boxed{\text{座標系 } 2}}_{\text{座標変換}} \mapsto \text{座標 } 2$$

例　3次元：球座標 $(r, \theta, \phi) \mapsto (x, y, z) = (r \sin\theta \cos\phi, r \sin\theta \sin\phi, r \cos\theta)$,

$$(x, y, z) \mapsto (r, \theta, \phi) = (\sqrt{x^2 + y^2 + z^2}, \arg(z, \sqrt{x^2 + y^2}), \arg(x, y))$$

3次元：円柱 $(\rho, \phi, z) \mapsto (x, y, z) = (r \cos\phi, r \sin\phi, z)$,

$$(x, y, z) \mapsto (r, \phi, z) = (\sqrt{x^2 + y^2}, \arg(x, y), z)$$

例題 3.2

次の式で表される空間内の曲面の概形を描け．

(1)　$x = y$　　(2)　$r = 2$　　(3)　$\rho = 1$

解答　(1)　xy 平面上の直線 $y = x$ を，z 方向に拡張した平面である．

(2)　直交座標に直すと，$x^2 + y^2 + z^2 = 2^2$ となり，原点を中心とした半径2の球面である．

(3)　直交座標に直すと，$x^2 + y^2 = 1$ となり，xy 平面上の単位円を z 方向に拡張した円柱である．

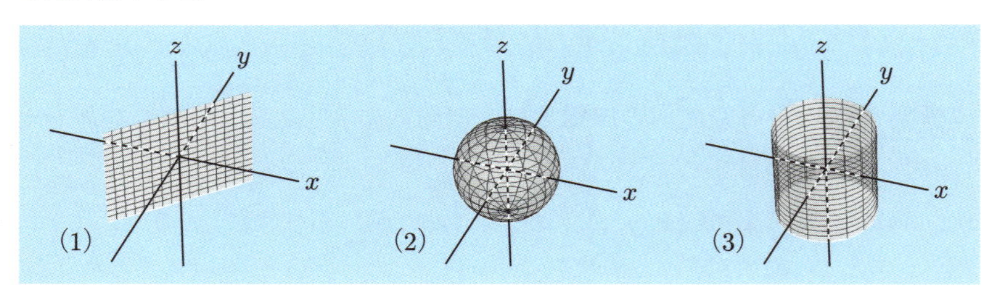

問 題

3.2 次の式で表される曲面の概形を描け.

(1) $z = x^2$ (2) $\theta = \dfrac{3\pi}{4}$ (3) $\phi = \dfrac{\pi}{4}$

座標曲線 ある座標を変動させ，その他の座標を一定値に固定したときに描かれる線のこと.

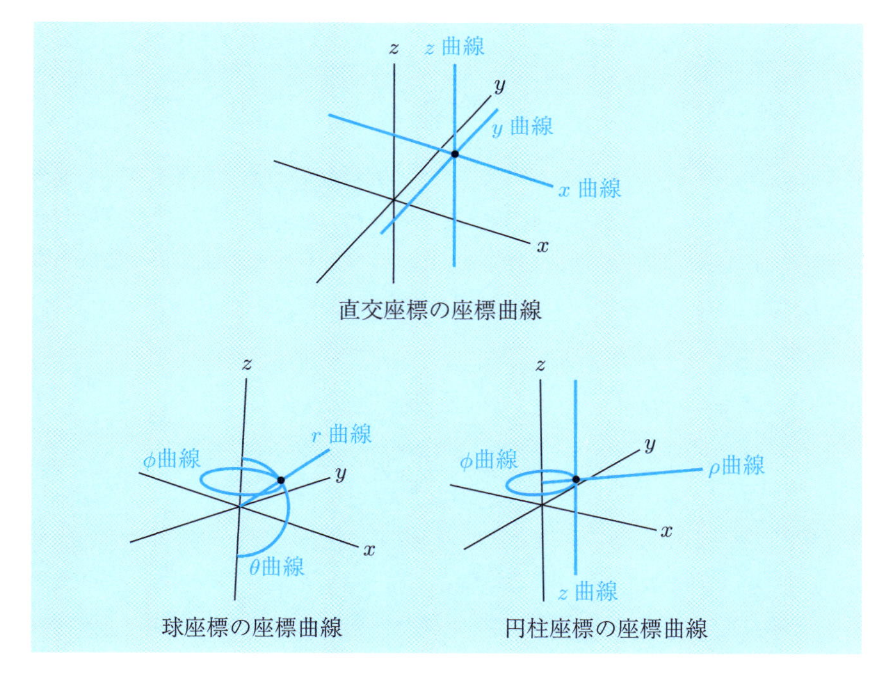

直交座標の座標曲線

球座標の座標曲線 円柱座標の座標曲線

この3つの座標系では，座標曲線が互いに直交している．このような座標系を直交曲線座標系と呼ぶこともある．一般の座標系で，そうなっている訳ではない.

基本ベクトル 座標曲線に接し，座標が増える方向を向いた単位ベクトル．3 次元の直交座標，球座標，円柱座標の基本ベクトルは，次の図のようになる．

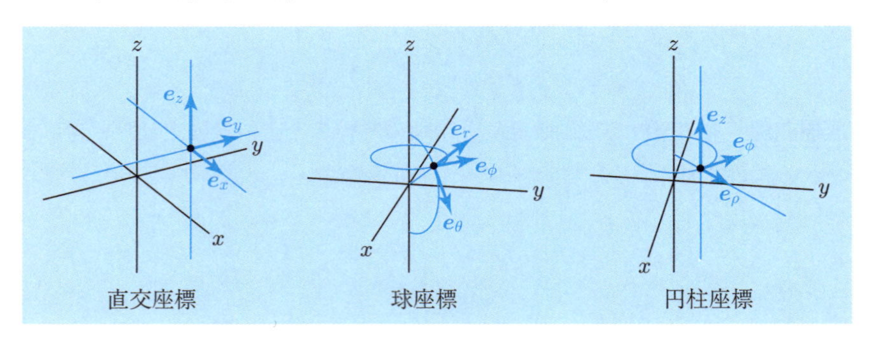

$\boldsymbol{e}_x, \boldsymbol{e}_y, \boldsymbol{e}_z$ のことを $\boldsymbol{i}, \boldsymbol{j}, \boldsymbol{k}$ と書く本もある．球座標の基本ベクトルは，原点では定義しない．円柱座標の基本ベクトルの $\boldsymbol{e}_\rho, \boldsymbol{e}_\phi$ は，z 軸上では定義しない．$(\boldsymbol{e}_x, \boldsymbol{e}_y, \boldsymbol{e}_z)$, $(\boldsymbol{e}_r, \boldsymbol{e}_\theta, \boldsymbol{e}_\phi)$, $(\boldsymbol{e}_\rho, \boldsymbol{e}_\phi, \boldsymbol{e}_z)$ は全て右手系の正規直交基底となる.（一般の座標系で基本ベクトルは正規直交基底となる，という訳ではない.）

基本ベクトルの球座標変換

(i)
$$\boldsymbol{e}_r = \sin\theta\cos\phi\,\boldsymbol{e}_x + \sin\theta\sin\phi\,\boldsymbol{e}_y + \cos\theta\,\boldsymbol{e}_z,$$
$$\boldsymbol{e}_\theta = \cos\theta\cos\phi\,\boldsymbol{e}_x + \cos\theta\sin\phi\,\boldsymbol{e}_y - \sin\theta\,\boldsymbol{e}_z,$$
$$\boldsymbol{e}_\phi = -\sin\phi\,\boldsymbol{e}_x + \cos\phi\,\boldsymbol{e}_y$$

(ii)
$$\boldsymbol{e}_x = \sin\theta\cos\phi\,\boldsymbol{e}_r + \cos\theta\cos\phi\,\boldsymbol{e}_\theta - \sin\phi\,\boldsymbol{e}_\phi,$$
$$\boldsymbol{e}_y = \sin\theta\sin\phi\,\boldsymbol{e}_r + \cos\theta\sin\phi\,\boldsymbol{e}_\theta + \cos\phi\,\boldsymbol{e}_\phi,$$
$$\boldsymbol{e}_z = \cos\theta\,\boldsymbol{e}_r - \sin\theta\,\boldsymbol{e}_\theta$$

例題 3.3

「基本ベクトルの球座標変換」の (i) の第 1 式を示せ．

解答 $\boldsymbol{r} = x\,\boldsymbol{e}_x + y\,\boldsymbol{e}_y + z\,\boldsymbol{e}_z$ とする．

$$\begin{aligned}\partial_r\boldsymbol{r} &= (\partial_r x)\,\boldsymbol{e}_x + (\partial_r y)\,\boldsymbol{e}_y + (\partial_r z)\,\boldsymbol{e}_z \\ &= \sin\theta\cos\phi\,\boldsymbol{e}_x + \sin\theta\sin\phi\,\boldsymbol{e}_y + \cos\theta\,\boldsymbol{e}_z,\end{aligned}$$
$$\boldsymbol{e}_r = \frac{\partial_r\boldsymbol{r}}{|\partial_r\boldsymbol{r}|} = \sin\theta\cos\phi\,\boldsymbol{e}_x + \sin\theta\sin\phi\,\boldsymbol{e}_y + \cos\theta\,\boldsymbol{e}_z$$
◆

問　題

3.3　「基本ベクトルの球座標変換」の (i) の第 2, 3 式を示せ.

3.4　「基本ベクトルの球座標変換」の (i) を使って, (ii) を示せ.

円柱座標は, xyz 座標の x, y だけ極座標 ρ, ϕ に変換したものである. 基本ベクトルの円柱座標変換は, 基本ベクトルの球座標変換を r, θ を ρ, ϕ に変え, $\boldsymbol{e}_z = \boldsymbol{e}_z$ を加えたものとなる.

基本ベクトルの円柱座標変換

(i)　$\boldsymbol{e}_\rho = \cos\phi\,\boldsymbol{e}_x + \sin\phi\,\boldsymbol{e}_y$, $\boldsymbol{e}_\phi = -\sin\phi\,\boldsymbol{e}_x + \cos\phi\,\boldsymbol{e}_y$, $\boldsymbol{e}_z = \boldsymbol{e}_z$

(ii)　$\boldsymbol{e}_x = \cos\phi\,\boldsymbol{e}_\rho - \sin\phi\,\boldsymbol{e}_\phi$, $\boldsymbol{e}_y = \sin\phi\,\boldsymbol{e}_\rho + \cos\phi\,\boldsymbol{e}_\phi$, $\boldsymbol{e}_z = \boldsymbol{e}_z$

問　題

3.5　基本ベクトルの円柱座標変換 (i) を, 例題 3.3 のようにして導け. また (i) を使って (ii) を導け.

3.2　スカラー場

スカラー場とは　場所によって段々と変化する値は, スカラー場によって表される. ここでは, 平面上あるいは空間内の各点に, 値 (スカラー) が定められていることを**スカラー場** (scalar field) と呼ぶ. つまり Map(平面, R) あるいは, Map(空間, R) の元のことである.

点 $\mapsto$ [スカラー場] $\mapsto$ 実数

大まかに言えば, スカラー場とは各点に数が与えられていることである.

スカラー場の可視化　日本の標高を色で表したものが地図帳によくのっている. 陸地上の各点の標高を色で可視化したものである. 天気予報に出てくる気圧配置図は, 地図上の各点の気圧の情報を, 等高線 (同じ気圧の点を結んだもの, 等位曲線ともいう) で可視化したものである.

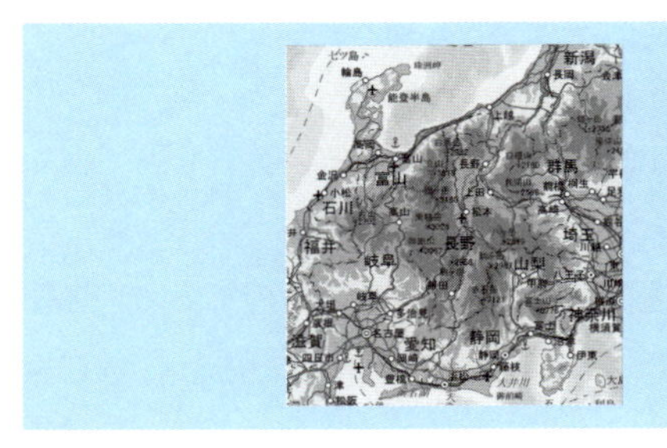

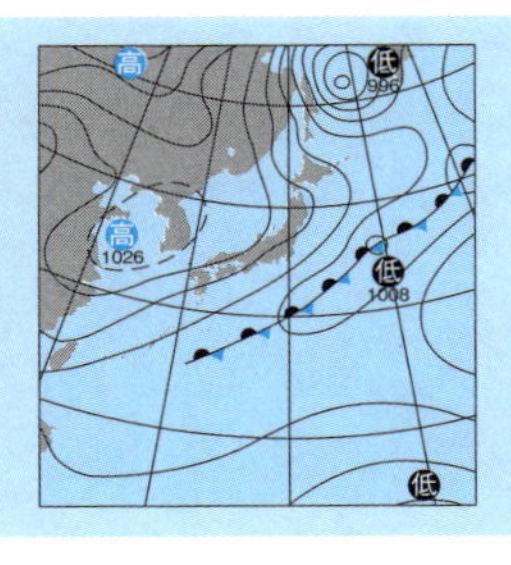

左図出典：
国土交通省
国土地理院の
ホームページ

このようにスカラー場は，濃淡グラフや等高線グラフを用いて可視化することが多い．z 方向の高さにスカラー値をとることで3次元グラフを書くという方法もある．

スカラー場の数式表現 座標系を用いると，スカラー場は2変数関数で表せる．

$$\text{座標}\ (x,y) \xrightarrow[\text{座標系}]{} \text{点} \xrightarrow[\text{スカラー場}]{} \text{スカラー値}\ f(x,y)$$

座標系が変わると，2変数関数の表現は変わるが，スカラー場が変わった訳ではない．

例題 3.4

(1) $f = x + 2y$ と表されるスカラー場を等高線を用いて表せ．

(2) 右図のような等高線で表されるスカラー場を，極座標を用いて表せ．

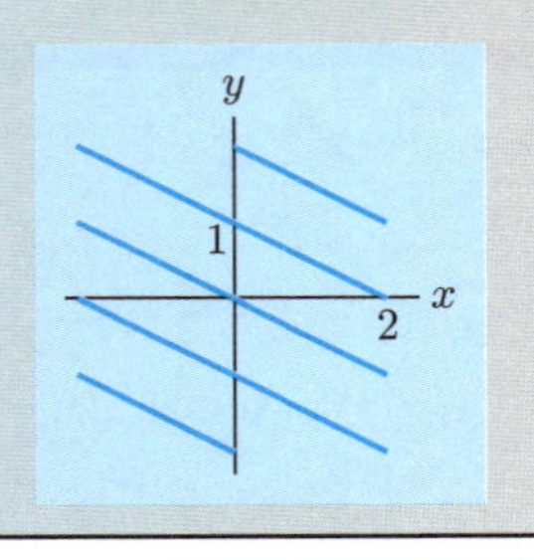

解答 (1)

$$x + 2y = 0, \quad x + 2y = 2$$

などを書いていけば，右図となる．

(2) $f = \theta$

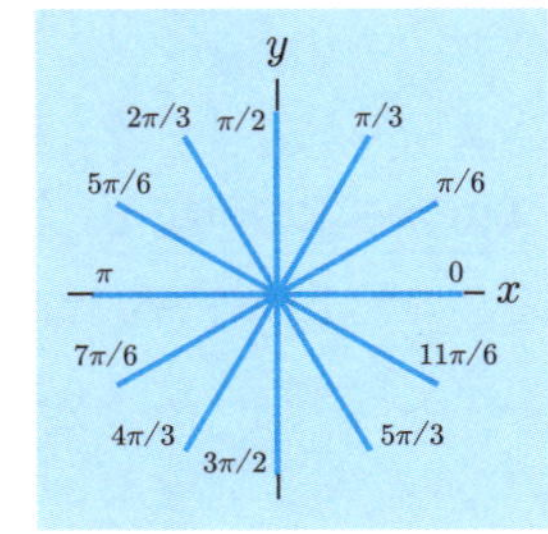

問　題

3.6 (1)　$f = r$ と表されるスカラー場を等高線を用いて表せ.

(2)　右図のような等高線で表されるスカラー場を，直交座標を用いて表せ.

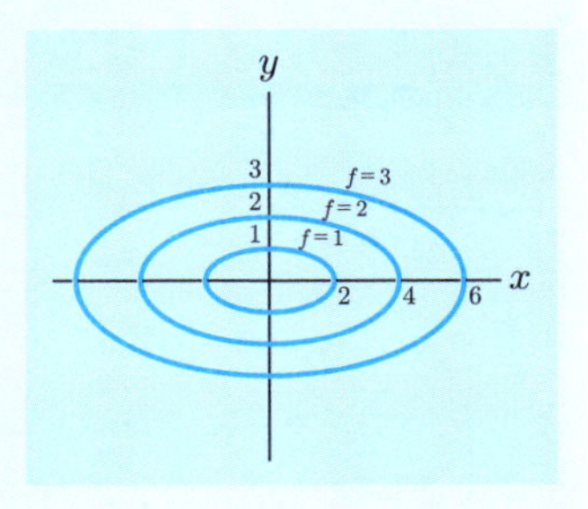

空間内のスカラー場は，座標系を用いて3変数関数で与えられる．立体的に可視化することは可能だが，かなり見づらいものとなってしまう．等しい値の点を結んだものは，等高線ではなく等位面（等位曲面ともいう）となる.

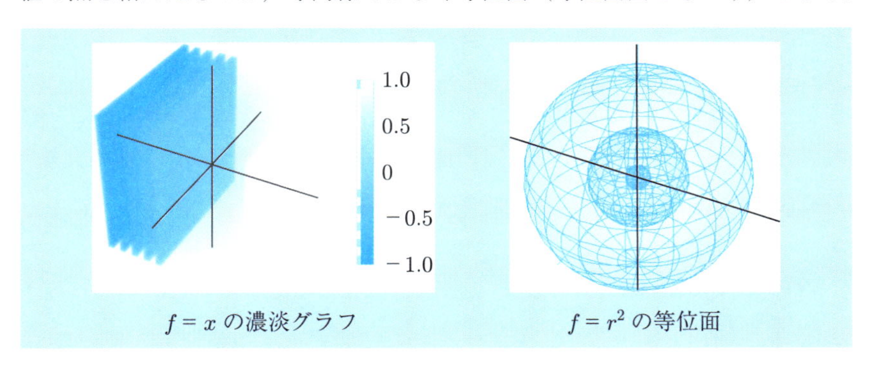

$f = x$ の濃淡グラフ　　$f = r^2$ の等位面

グラフの断面を書くことで，平面上のグラフを書くことはできる.

問　題

3.7 次の空間内のスカラー場について，等位面を書け.

(1)　$f = x + y + z$　　(2)　$f = \theta$　　(3)　$f = \rho$

3.8 次の平面上のスカラー場について，等高線を書け.

(1)　$f = x^2 - y^2$　　(2)　$f = \dfrac{x - y}{x + y}$

3.9 次の空間内のスカラー場について，等位面を書け.

(1)　$f = x^2 + y^2 - z^2$　　(2)　$f = \dfrac{x + 2y - z}{x + y + z}$

3.3 ベクトル場

ベクトル場とは 場所によって段々と変わるベクトルの様子は，ベクトル場として表すことができる．つまり場所によって変わる方向と大きさを持つ情報である．ここでは平面上の各点に2次元のベクトルが，空間内の各点に3次元のベクトルが，定められていることを**ベクトル場** (vector field) という．つまり Map(平面, V^2) あるいは，Map(空間, V^3) の元のことである．

$$\text{点} \mapsto \boxed{\text{ベクトル場}} \mapsto \text{ベクトル}$$

大まかに言えば，ベクトル場とは各点にベクトルが与えられていることである．

ベクトル場の可視化 風の強い日に，天気予報で風の様子を表した図1のようなものが出てくることがある．地図上の各点が持っている風向，風速の情報を矢印で表したものである．この図では矢印の方向は風向，矢印の大きさで風速を表している．このような図を矢印場という．

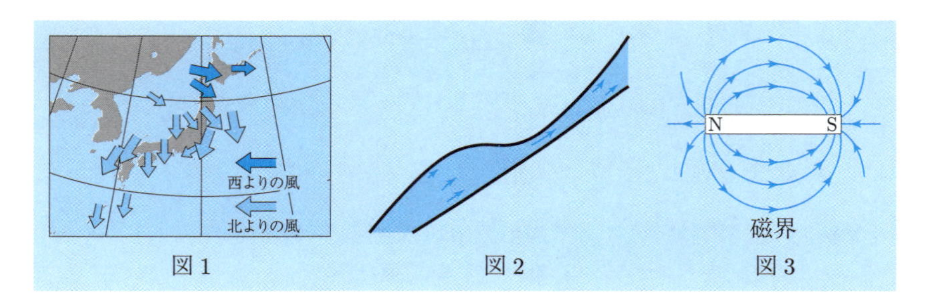

図1　図2　図3

速度場もベクトル場で表すことができる．川の表面にある水粒子の速度は，場所によって異なる．一般的には，川の上流から下流に沿って流れ，川幅の広いところでは遅く，狭いところでは速い．また，水深の浅い川岸付近では速さは小さくなる．図2はその様子を矢印場で表したものである．この矢印場を滑らかにつないでいった曲線を流線という．図3は，磁石の作る磁束密度の様子を流線を用いて表したものである．

ベクトル場の成分表示　座標系を用いると，ベクトル場は 2 つの 2 変数関数で表すことができる．

$$\text{座標 } (x,y) \xrightarrow[\text{座標系}]{} \text{点} \xrightarrow[\text{ベクトル場}]{} \text{ベクトル } \boldsymbol{v}$$
$$\xrightarrow[\text{座標系の基本ベクトル}]{} \text{成分 } (v_x, v_y)$$

例題 3.5

次のベクトル場を矢印場で表せ．

(1)　$(x+y, x-y)$　　(2)　$\boldsymbol{e}_\theta$　　(3)　$\left(\dfrac{-x}{(x^2+y^2)^{3/2}}, \dfrac{-y}{(x^2+y^2)^{3/2}}\right)$

解答

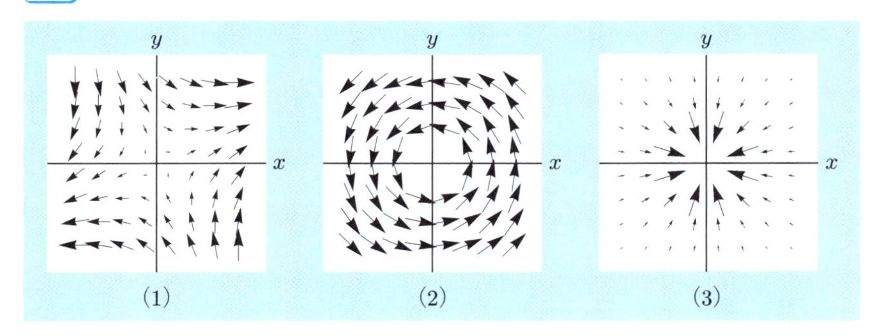

(1)　　(2)　　(3)

(2) は xy 座標で表せば $\frac{(-y,x)}{\sqrt{x^2+y^2}}$．(3) は質点の作る重力場の様子を表している．(2) (3) は原点で発散するので原点付近では矢印を書いていない．◆

問　題

3.10　次の xy 平面上のベクトル場を矢印場で表せ．

(1)　(y, x)　　(2)　$\boldsymbol{e}_r$

(3)　$\dfrac{(-y,x)}{x^2+y^2}$（z 軸を流れる電流の作る磁束密度の様子を表している.）

空間内のベクトル場は，座標系を用いて 3 つの 3 変数関数で与えられる．立体的に可視化することは可能だが，かなり見づらいものとなってしまう．

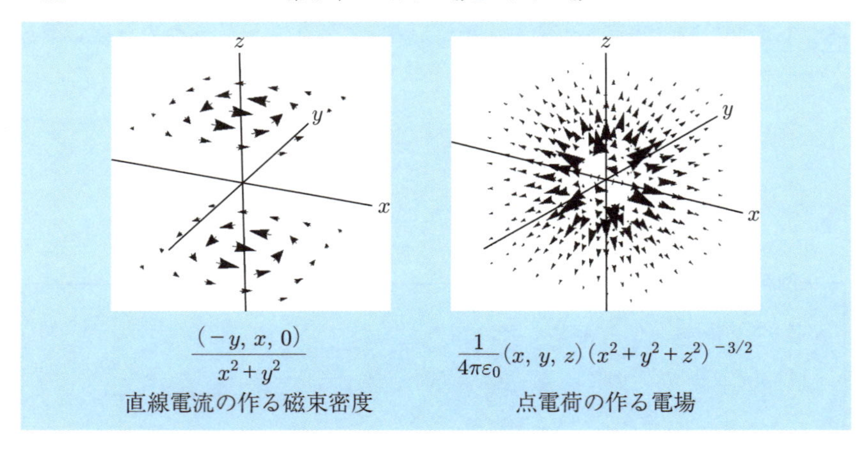

$\dfrac{(-y,\, x,\, 0)}{x^2+y^2}$
直線電流の作る磁束密度

$\dfrac{1}{4\pi\varepsilon_0}(x,\, y,\, z)\,(x^2+y^2+z^2)^{-3/2}$
点電荷の作る電場

ベクトル場の成分の座標変換 (x, y) 座標で (v_x, v_y)，(r, θ) 座標で (v_r, v_θ) と表されたものが，同じベクトル場であれば，当然無関係ではなく，次のような関係がある．

成分の極座標変換

(i) $v_r = \cos\theta\, v_x + \sin\theta\, v_y,\ v_\theta = -\sin\theta\, v_x + \cos\theta\, v_y$

(ii) $v_x = \cos\theta\, v_r - \sin\theta\, v_\theta,\ v_y = \sin\theta\, v_r + \cos\theta\, v_\theta$

例題 3.6

「成分の極座標変換」の (i) を示せ．

解答 $\boldsymbol{v} = v_x\,\boldsymbol{e}_x + v_y\,\boldsymbol{e}_y$ 「基本ベクトルの極座標変換」(ii) (p.23) を使う．

$$= v_x\,(\cos\theta\,\boldsymbol{e}_r - \sin\theta\,\boldsymbol{e}_\theta) + v_y\,(\sin\theta\,\boldsymbol{e}_r + \cos\theta\,\boldsymbol{e}_\theta)$$

$$= \underbrace{(\cos\theta\, v_x + \sin\theta\, v_y)}_{v_r}\,\boldsymbol{e}_r + \underbrace{(-\sin\theta\, v_x + \cos\theta\, v_y)}_{v_\theta}\,\boldsymbol{e}_\theta$$

別解 $\boldsymbol{v} = v_x\,\boldsymbol{e}_x + v_y\,\boldsymbol{e}_y$ の両辺と $\boldsymbol{e}_r$ の内積をとる．

$$v_r = \boldsymbol{v}\cdot\boldsymbol{e}_r = v_x(\boldsymbol{e}_x\cdot\boldsymbol{e}_r) + v_y(\boldsymbol{e}_y\cdot\boldsymbol{e}_r) = v_x\cos\theta + v_y\sin\theta$$

以下同様． ◆

問 題

3.11 「成分の極座標変換」の (ii) を示せ．

ヒント 上の例題のようにしてもよいし，(i) の結果を用いてもよい．

例題 3.7

(1)　直交座標で $\boldsymbol{v} = (\sqrt{x^2+y^2}, 0)$ と表されるベクトル場を，極座標で成分表示せよ．

(2)　極座標で $\boldsymbol{v} = (r, 0)$ と成分表示されるベクトル場を，直交座標で成分表示せよ．

解説　(1) は $v_x = \sqrt{x^2+y^2}$, $v_y = 0$ のとき，v_r, v_θ を求めよ，という意味である．(2) は $v_r = r$, $v_\theta = 0$ のとき，v_x, v_y を求めよ，という意味である．上の「成分の極座標変換」を使うだけでも求めることはできるが，ここでは「基本ベクトルの極座標変換」までさかのぼって求めてみる．

解答　(1) $\boldsymbol{v} = \sqrt{x^2+y^2}\,\boldsymbol{e}_x = r(\cos\theta\,\boldsymbol{e}_r - \sin\theta\,\boldsymbol{e}_\theta) = (r\cos\theta, -r\sin\theta)$

(2) $\boldsymbol{v} = r\boldsymbol{e}_r = r(\cos\theta\,\boldsymbol{e}_x + \sin\theta\,\boldsymbol{e}_y) = (x, y)$　◆

注意　この例題では，成分表示した座標系が何なのか混乱はないと思うが，例えばベクトル場 $\boldsymbol{v} = (r, r)$ などと書くと，$r\boldsymbol{e}_x + r\boldsymbol{e}_y$ のことか，$r\boldsymbol{e}_r + r\boldsymbol{e}_\theta$ のことか不明瞭である．本書では，この例題のように特別明瞭でない限り，() を使っての成分表示は，xy 座標，xyz 座標でしか行わないことにする．つまり特別にことわりのない限り，上の例えでは $\boldsymbol{v} = r\boldsymbol{e}_x + r\boldsymbol{e}_y$ という意味である．

問　題

3.12　(1)　直交座標で $\boldsymbol{v} = (-y, x)$ と表されるベクトル場を，極座標で成分表示せよ．

(2)　極座標で $\boldsymbol{v} = (r, r)$ と表されるベクトル場を，直交座標で成分表示せよ．

3 次元でも同様に，成分の座標変換ができる．

成分の球座標変換

(i) $v_r = \sin\theta\cos\phi\, v_x + \sin\theta\sin\phi\, v_y + \cos\theta\, v_z,$

$v_\theta = \cos\theta\cos\phi\, v_x + \cos\theta\sin\phi\, v_y - \sin\theta\, v_z,$

$v_\phi = -\sin\phi\, v_x + \cos\phi\, v_y$

(ii) $v_x = \sin\theta\cos\phi\, v_r + \cos\theta\cos\phi\, v_\theta - \sin\phi\, v_\phi,$

$v_y = \sin\theta\sin\phi\, v_r + \cos\theta\sin\phi\, v_\theta + \cos\phi\, v_\phi,$

$v_z = \cos\theta\, v_r - \sin\theta\, v_\theta$

例題 3.8

上の「成分の球座標変換」の (i) の第1式を示せ.

解答

$$\begin{aligned} v_r &= \boldsymbol{v}\cdot\boldsymbol{e}_r \\ &= (v_x\boldsymbol{e}_x + v_y\boldsymbol{e}_y + v_z\boldsymbol{e}_z)\cdot(\sin\theta\cos\phi\,\boldsymbol{e}_x + \sin\theta\sin\phi\,\boldsymbol{e}_y + \cos\theta\,\boldsymbol{e}_z) \\ &= \sin\theta\cos\phi\, v_x + \sin\theta\sin\phi\, v_y + \cos\theta\, v_z \end{aligned}$$ ◆

問　題

3.13 「成分の球座標変換」の (i) の第2, 3式を示せ.

3.14 「成分の球座標変換」の (ii) を示せ.

成分の円柱座標変換

(i) $v_\rho = \cos\phi\, v_x + \sin\phi\, v_y,\ v_\theta = -\sin\phi\, v_x + \cos\phi\, v_y,\ v_z = v_z$

(ii) $v_x = \cos\phi\, v_\rho - \sin\phi\, v_\theta,\ v_y = \sin\phi\, v_\rho + \cos\phi\, v_\theta,\ v_z = v_z$

問　題

3.15 「成分の円柱座標変換」を示せ.

場の和　2つのスカラー場 f, g の和はスカラー場となる．和 $f+g$ は点Pに対し，$(f+g)(\mathrm{P}) := f(\mathrm{P}) + g(\mathrm{P})$ と定義できる．xy 座標を使って書けば，$(f+g)(x,y) := f(x,y) + g(x,y)$ と書ける．つまり通常のスカラーの和を，各点ごとに適用するだけである．同様にして，ベクトル場とベクトル場の和はベクトル場となる．

場の積　さらに場同士の積も同様に，通常の積を各点ごとに適用するだけで定義できる．

スカラー場とスカラー場の積はスカラー場，

スカラー場とベクトル場の積はベクトル場，

ベクトル場とベクトル場の内積はスカラー場，

ベクトル場とベクトル場の外積は，

2 次元ではスカラー場，3 次元ではベクトル場．

積については，積の微分法則（ライプニッツの法則）が成り立つ．

$$(f\,g)' = f'\,g + f\,g', \quad (f\boldsymbol{v})' = f'\,\boldsymbol{v} + f\boldsymbol{v}',$$
$$(\boldsymbol{v}\cdot\boldsymbol{w})' = \boldsymbol{v}'\cdot\boldsymbol{w} + \boldsymbol{v}\cdot\boldsymbol{w}', \quad (\boldsymbol{v}\times\boldsymbol{w})' = \boldsymbol{v}'\times\boldsymbol{w} + \boldsymbol{v}\times\boldsymbol{w}'$$

演習問題

◆**1**　次の平面上のベクトル場について，矢印場と流線図を書け．

(1)　$\boldsymbol{v} = (x, 2y)$　　(2)　$\boldsymbol{v} = (-y, x)$

(3)　$\boldsymbol{v} = \left(\dfrac{x}{\sqrt{x^2+y^2}} - y, x + \dfrac{y}{\sqrt{x^2+y^2}}\right)$

◆**2**　平面上の次のように変換される座標系について，座標曲線を書き，基本ベクトルの変換則を求めよ．

(1)　$x = u + v,\ y = u - v$

(2)　$x = 3r\cos\theta,\ y = 2r\sin\theta$　$(0 \le r,\ 0 \le \theta < 2\pi)$

(3)　$x = \cosh u \cos v,\ y = \sinh u \sin v$　$(0 \le u,\ 0 \le v < 2\pi)$
$(\cosh u := \frac{e^u + e^{-u}}{2},\ \sinh u := \frac{e^u - e^{-u}}{2})$

◆**3**　空間内の次の方程式を，なるべく簡単な方程式となるように座標変換せよ．また，その方程式が表す概形を書け．

(1)　$x^2 + y^2 + z^2 = 3$　　(2)　$r\sin\theta = 1$　　(3)　$z = \rho\cos\phi$

◆**4**　$\boldsymbol{e}_z, \boldsymbol{e}_x, \boldsymbol{e}_y$ を zx 平面で θ 回転し，xy 平面で ϕ 回転すると，それぞれ $\boldsymbol{e}_r, \boldsymbol{e}_\theta, \boldsymbol{e}_\phi$ となる．これを利用して,「基本ベクトルの球座標変換」(p.26) を示せ．

◆**5**　球座標と円柱座標の間での，基本ベクトルの変換則を求めよ．

第4章

線　積　分

ここから3章分は，線積分，面積分，体積分を扱う．それぞれ，1重積分，2重積分，3重積分の拡張である．点ごとに異なる現象を，総括した1つの値として捉えることができ，全体像を捉えるのに重要な役割を果たす．この章では線積分(せんせきぶん)を扱う．英語で line integral という．線に沿って，物事を足し上げることを指す．

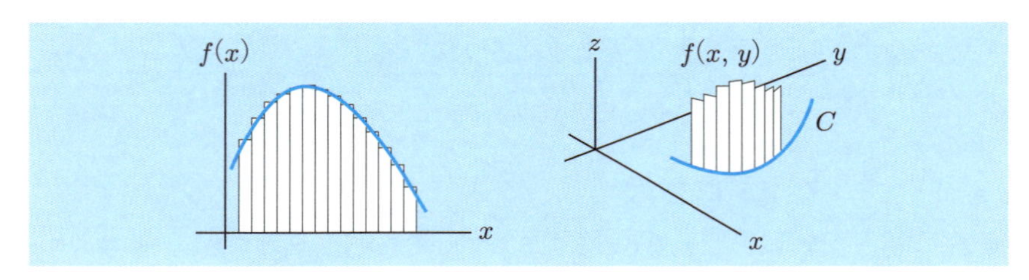

4.1　線　素

曲線と接ベクトル　平面あるいは空間内の曲線は，1つのパラメータ t で位置ベクトル $\boldsymbol{r}(t)$ と表せる．この像 $C = \{\boldsymbol{r}(t) \mid a \leq t \leq b\} \subset \mathbf{R}^2$ が曲線そのものである．座標系を用いれば2つの関数となる．例えば直交座標を使うと，$\boldsymbol{r}(t) = (x(t), y(t))$ と表せる．ここでは $x(t), y(t)$ は微分可能だと仮定して，$\boldsymbol{r}'(t) = (x'(t), y'(t))$ とする．これは，曲線 C の点 $\boldsymbol{r}(t)$ における接線の方向ベクトルとなり，**接ベクトル** (tangent vector) という．また，これを単位化した $\boldsymbol{t} = \frac{\boldsymbol{r}'(t)}{|\boldsymbol{r}'(t)|}$ を**単位接ベクトル** (unit tangent vector) という．接ベクトルの大きさは，パラメータが変わると変化するので，幾何的に意味のあるのは，この単位接ベクトルである．

例題 4.1

曲線 $C=\{(3\cos t, 2\sin t) | t\in\mathbf{R}\}$ について，その概形を書き，$t=\frac{\pi}{4}$ における接線の方程式を求めよ．

ヒント 点 (a,b) を通り，方向 (p,q) を持つ直線の方程式は $\frac{x-a}{p}=\frac{y-b}{q}$ である．ただし，分母が 0 のときは分子も 0 とする．

解答 $\boldsymbol{r}(t)=(3\cos t, 2\sin t)$, $\quad \boldsymbol{r}\left(\frac{\pi}{4}\right)=\left(\frac{3}{\sqrt{2}}, \sqrt{2}\right)$,

$\boldsymbol{r}'(t)=(-3\sin t, 2\cos t)$, $\quad \boldsymbol{r}'\left(\frac{\pi}{4}\right)=\left(-\frac{3}{\sqrt{2}}, \sqrt{2}\right)$

$\frac{x-3/\sqrt{2}}{-3/\sqrt{2}}=\frac{y-\sqrt{2}}{\sqrt{2}}$, $\quad y=-\frac{2}{3}x+2\sqrt{2}$

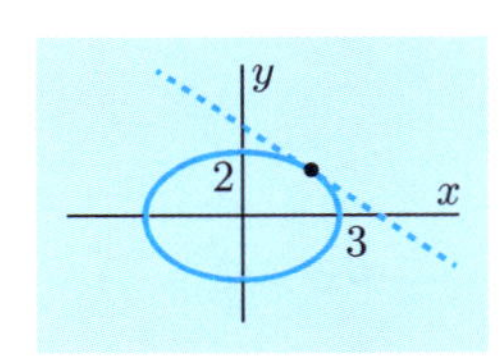

◆

問 題

4.1 曲線 $C=\{(\cos t, \sin t, t) \,|\, 0\leq t\leq 2\pi,\ t\in\mathbf{R}\}$ について，その概形を書き，$t=\frac{\pi}{4}$ における接線の方程式を求めよ．

ヒント 点 (a,b,c) を通り，方向 (p,q,r) を持つ直線の方程式は $\frac{x-a}{p}=\frac{y-b}{q}=\frac{z-c}{r}$ である．ただし，分母が 0 のときは分子も 0 とする．

固有長パラメータと線素 曲線のパラメータは 1 つではない．パラメータが変わると，接ベクトルの大きさが変わる．接ベクトルが自動的に単位接ベクトルとなる，つまり

$$\left|\frac{d\boldsymbol{r}(s)}{ds}\right|=1$$

という性質を持ったパラメータを**固有長パラメータ** (proper parameter) という．曲線の長さに対応して，均等に割り振られたパラメータである．本書では，一般のパラメータを t，固有長パラメータを s と書いて区別することにする．一般のパラメータ t で $C:\boldsymbol{r}(t)$ と曲線が表されたとき，

$$s=\int_0^t |\boldsymbol{r}'(p)|\,dp$$

と置くと，$ds = |\boldsymbol{r}'(t)|\,dt$ となり，$|\frac{d\boldsymbol{r}(s)}{ds}| = |\frac{d\boldsymbol{r}(s)}{dt}\frac{dt}{ds}| = 1$ となるので，s は固有長パラメータとなる．この固有長パラメータ s の微小増分 ds を**線素** (line element) という．一般のパラメータで線素を求めると，$ds = |\boldsymbol{r}'(t)|\,dt$ となり，パラメータが t から $t+dt$ に増える間，つまり曲線上の点が $\boldsymbol{r}(t)$ から $\boldsymbol{r}(t+dt)$ に移動する間に稼ぐ距離といえる．

線素

$$ds = |\boldsymbol{r}'(t)|\,dt \quad （曲線の部分 t \sim t+dt の微小距離）$$

例題 4.2

曲線 $\boldsymbol{r}(t) = (e^t \cos t, e^t \sin t)\ \left(0 \leq t \leq \frac{\pi}{2}\right)$ の線素と長さを求めよ．

解答

$$\boldsymbol{r}'(t) = (e^t(\cos t - \sin t), e^t(\sin t + \cos t)),\ ds = \sqrt{2}\,e^t\,dt$$

$$\int_0^{\pi/2} \sqrt{2}\,e^t\,dt = \sqrt{2}\,(e^{\pi/2} - 1)$$

◆

問 題

4.2 曲線 $\boldsymbol{r}(t) = (t\cos t, t\sin t, t)\ (0 \leq t \leq 2\pi)$ の線素と長さを求めよ．

最後に極座標を使った線素を求める．まず，位置ベクトルの微小変化量 $d\boldsymbol{r}$ を極座標で表す．

$$\begin{aligned}
d\boldsymbol{r} &= dx\,\boldsymbol{e}_x + dy\,\boldsymbol{e}_y \\
&= d(r\cos\theta)(\cos\theta\,\boldsymbol{e}_r - \sin\theta\,\boldsymbol{e}_\theta) + d(r\sin\theta)(\sin\theta\,\boldsymbol{e}_r + \cos\theta\,\boldsymbol{e}_\theta) \\
&= (\cos\theta\,dr - r\sin\theta\,d\theta)(\cos\theta\,\boldsymbol{e}_r - \sin\theta\,\boldsymbol{e}_\theta) \\
&\quad + (\sin\theta\,dr + r\cos\theta\,d\theta)(\sin\theta\,\boldsymbol{e}_r + \cos\theta\,\boldsymbol{e}_\theta) \\
&= dr\,\boldsymbol{e}_r + r\,d\theta\,\boldsymbol{e}_\theta
\end{aligned}$$

これは，微小変化 dr は $\boldsymbol{e}_r$ 方向に dr だけ進み，微小変化 $d\theta$ は $\boldsymbol{e}_\theta$ 方向に $r\,d\theta$ だけ進むことからも分かる．$d\boldsymbol{r}$ の大きさが線素である．

$$ds = |d\boldsymbol{r}| = \sqrt{dr^2 + r^2\,d\theta^2} \tag{4.1}$$

特に $r = r(\theta)$ と表される曲線については，

$$ds = d\theta \sqrt{\left(\frac{dr}{d\theta}\right)^2 + r^2} \tag{4.2}$$

$\theta = \theta(r)$ と表される曲線については，

$$ds = dr \sqrt{1 + r^2 \left(\frac{d\theta}{dr}\right)^2} \tag{4.3}$$

となる．

例題 4.3

$r = 1 + \cos\theta \ (0 \le \theta \le 2\pi)$ と表される曲線の長さ ℓ を求めよ．

解答

$$\begin{aligned} ds &= d\theta \sqrt{\left(\frac{dr}{d\theta}\right)^2 + r^2} = d\theta \sqrt{\sin^2\theta + (1+\cos\theta)^2} \\ &= d\theta \sqrt{2 + 2\cos\theta}\, d\theta = 2\left|\cos\frac{\theta}{2}\right|, \\ \ell &= \int_0^{2\pi} ds = \int_0^{2\pi} d\theta\, 2\left|\cos\frac{\theta}{2}\right| = 4\int_0^{\pi} d\theta\ \cos\frac{\theta}{2} \\ &= 4\left[2\sin\frac{\theta}{2}\right]_0^{\pi} = 8 \end{aligned}$$

◆

問　題

4.3 $\theta = \log r \ (1 \le r \le e^{\pi})$ と表される曲線の長さを求めよ．

4.4 球座標を用いると，位置ベクトルの微小変化，線素は

$$\begin{aligned} d\boldsymbol{r} &= dr\, \boldsymbol{e}_r + r d\theta\, \boldsymbol{e}_\theta + r\sin\theta\, d\phi\, \boldsymbol{e}_\phi, \\ ds &= \sqrt{dr^2 + r^2 d\theta^2 + r^2 \sin^2\theta\, d\phi^2} \end{aligned}$$

となることを示せ．

4.5 円柱座標を用いると，位置ベクトルの微小変化，線素は

$$d\boldsymbol{r} = d\rho\, \boldsymbol{e}_\rho + \rho\, d\phi\, \boldsymbol{e}_\phi + dz\, \boldsymbol{e}_z, \ ds = \sqrt{d\rho^2 + \rho^2 d\phi^2 + dz^2}$$

となることを示せ．

4.2 スカラー場の線積分

スカラー場の線積分 (line integral of scalar field) 固有長パラメータで $\boldsymbol{r}(s)$ $(s_1 \leq s \leq s_2)$ と表される曲線 C と，その上で定義されたスカラー $f(s)$ に対し

$$\int_C f\,ds := \int_{s_1}^{s_2} f(s)\,ds$$

とする．この積分を固有長パラメータ s から一般のパラメータ t に変換してみよう．$\boldsymbol{r}(t)$ $(t_1 \leq t \leq t_2)$ と表される曲線と，その上で定義されたスカラー $f(t)$ に対し

$$\int_C f\,ds = \int_{t_1}^{t_2} f(s(t))|\boldsymbol{r}'(t)|\,dt$$

となる．スカラー場 $f(x,y)$, $f(x,y,z)$ の線積分は $f(t) = f(\boldsymbol{r}(t))$ と考える．

例題 4.4

曲線 $x^2 + y^2 = 4$ 上でのスカラー場 x^2 の線積分 I を求めよ．

解答 曲線は $\boldsymbol{r}(t) = (2\cos t, 2\sin t)$ $(0 \leq t \leq 2\pi)$ と表せる．
$\boldsymbol{r}'(t) = (-2\sin t, 2\cos t)$ なので，線素は $ds = |\boldsymbol{r}'(t)|\,dt = 2\,dt$ となる．

$$I = \int_0^{2\pi} \underbrace{(2\cos t)^2}_{\text{スカラー場}} \underbrace{2\,dt}_{\text{線素}} = 8\int_0^{2\pi} \frac{1+\cos(2t)}{2}dt = 8\left[\frac{t}{2} + \frac{\sin(2t)}{4}\right]_0^{2\pi} = 8\pi$$ ◆

例題で何を求めているかを実感してもらうための図を2つ書く．

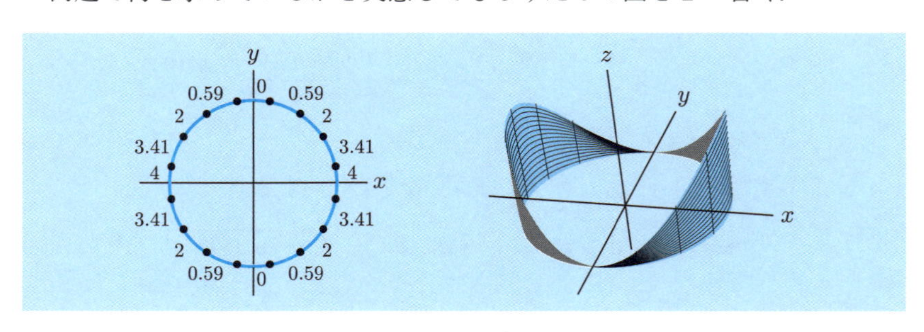

（左図）例題の円を 16 分割し，その中央でのスカラーの値を円の外側に書いてある．再分割の曲線の長さ $\frac{2\pi}{16}$ に，このスカラーの値をかけ，全体 16 個に渡って足し上げる．この細かさを無限にしたものが，スカラー場の線積分である．

（右図）例題の円を xy 平面上に書き，その上にスカラー場 $f = x^2$ の高さの壁を立てる．これによりできた曲面の面積が，スカラー場の線積分である．

問　題

4.6 曲線 $\boldsymbol{r}(t) = \left(t, t^2, \frac{2}{3}t^3\right)$ $(0 \leq t \leq 1)$ 上で，スカラー場 $f(t) = t^4$ の線積分を求めよ．

曲線を細かく分割し，その長さ ds とスカラー値 f をかけて，全体に渡って足し上げたものが，スカラー場の線積分である．例えば線密度（単位長さあたりの重さ）$\rho_{\mathrm{mass}}(t)$ を線積分すると，全体の重さとなる．f の重みつき長さともいえる．特に $f = k$（定数）のときは $\int_C k\,ds = k$（C の長さ）となる．

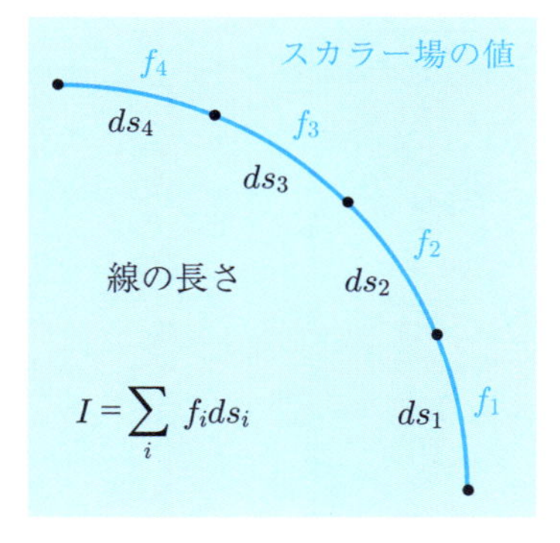

例題 4.5

電線 $C : \boldsymbol{r}(t) = \left(t, \frac{t^2}{2}\right)$ $(0 \leq t \leq 1)$ があり，その線密度は $\rho_{\mathrm{mass}} = t$ とする．電線の重さ m を求めよ．

解答 $\boldsymbol{r}(t) = \left(t, \frac{t^2}{2}\right), \boldsymbol{r}'(t) = (1, t)$ なので，線素は $ds = \sqrt{1+t^2}\,dt$

$$m = \int_C \rho_{\mathrm{mass}}\,ds = \int_0^1 \underbrace{t}_{\text{線密度}} \underbrace{\sqrt{1+t^2}\,dt}_{\text{線素}} = \left[\frac{1}{3}(1+t^2)^{3/2}\right]_0^1$$

$$= 2\sqrt{2} - 1$$

◆

問　題

4.7　ゴム紐 C: $\boldsymbol{r}(t) = \left(t, \frac{4}{3}t^{3/2}, t^2\right)$ $(0 \leq t \leq 1)$ があり，のび率 $\left(= \frac{\text{ゴムの長さ}}{\text{自然長}}\right)$ は $\frac{2}{z+1}$ とする．このゴム紐の自然長を求めよ．

ヒント　のび率の逆数をゴム紐上で線積分する．

4.3　ベクトル場の線積分

曲線の向き　曲線に沿って進む方向に正負が指定されている曲線を**有向曲線** (oriented curve) という．有向曲線の接ベクトルは，この正の方向に進む向きにとることにする．始点から終点に向かう向きを正の向きと考えれば，有向曲線は始点と終点が指定されている曲線ともいえる．始点と終点が入れ替わると，接ベクトルは向きが反対になる．$\boldsymbol{r}(t)$ $(t_1 \leq t \leq t_2)$ のようにパラメータ表示されているときは，$\boldsymbol{r}(t_1)$ を始点，$\boldsymbol{r}(t_2)$ を終点と考えることにする．また，平面上で交差しない閉曲線（円など）は，左回りを正の向きと考えることにする．

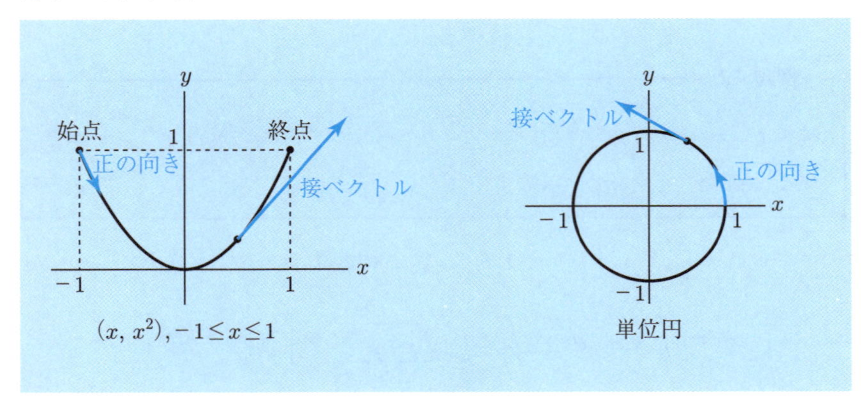

ベクトル場の線積分 (line integral of vector field)　固有長パラメータで $\boldsymbol{r}(s)$ $(s_1 \le s \le s_2)$ と表される曲線 C と，その上で定義されたベクトル $\boldsymbol{v}(s)$ に対し

$$\int_C \boldsymbol{v} \cdot d\boldsymbol{r} := \int_{s_1}^{s_2} \boldsymbol{v}(s) \cdot \frac{d\boldsymbol{r}}{ds}\, ds$$

とする．一般のパラメータで $\boldsymbol{r}(t)$ $(t_1 \le t \le t_2)$ と表される曲線 C と，その上で定義されたベクトル $\boldsymbol{v}(t)$ に対し

$$\int_C \boldsymbol{v} \cdot d\boldsymbol{r} = \int_{t_1}^{t_2} \boldsymbol{v}(t) \cdot \frac{d\boldsymbol{r}}{dt}\, dt$$

となる．

- ベクトル場 $\boldsymbol{v}(x, y, z)$ の線積分は $\boldsymbol{v}(t) = \boldsymbol{v}(\boldsymbol{r}(t))$ と考える．
- 曲線の向きが変わると符号が変わる．
- 後述する法線線積分と区別するために，**接線線積分** (tangent line integral) と呼ぶこともあるが，通常は「ベクトル場の線積分」というのは，この（接線）線積分のことである．

例題 4.6

曲線 $C : \boldsymbol{r}(t) = (t - \sin t, \cos t)$ $(0 \le t \le 2\pi)$ 上で，ベクトル場 $\boldsymbol{v} = \frac{(x,y)}{2}$ を線積分せよ．

解答　$\boldsymbol{r}'(t) = (1 - \cos t, -\sin t)$

$$\int_0^{2\pi} \underbrace{\frac{1}{2}(t - \sin t, \cos t)}_{\text{ベクトル場}} \cdot \underbrace{(1 - \cos t, -\sin t)\, dt}_{d\boldsymbol{r}}$$

$$= \int_0^{2\pi} \frac{1}{2}(t - t\cos t)\, dt$$

$$= \left[\frac{t^2}{4} - \frac{\cos t}{2} - \frac{t \sin t}{2}\right]_0^{2\pi} = \pi^2$$

◆

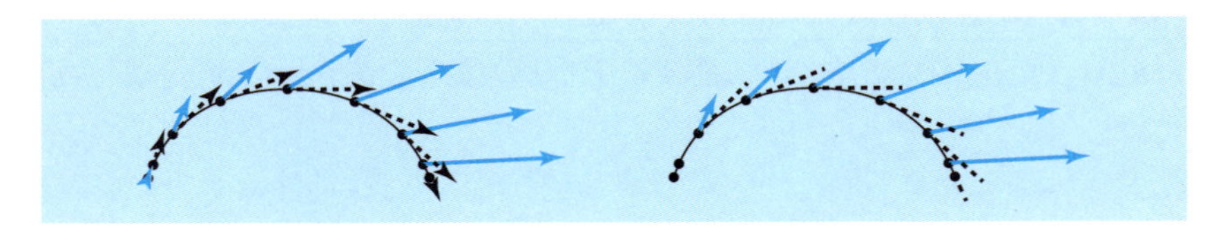

（左図）曲線 C を $dt = \frac{\pi}{4}$ ごとに，8 区間に分割する．分割点での，青のベクトル場 $\boldsymbol{v}$ および点線の接ベクトル $\boldsymbol{r}'(t)$ を書いてある．各区間の長さと，左端の点での 2 つのベクトルの内積をかけて，8 つ足し上げる．この区間幅を極限的に小さくしたものが，ベクトル場の線積分である．

（右図）$\boldsymbol{v} \cdot \boldsymbol{r}'(t)\,dt = \boldsymbol{v} \cdot \boldsymbol{t}\,ds$ となり，$\boldsymbol{v} \cdot \boldsymbol{t}$ は $\boldsymbol{v}$ の接線方向成分，ds は線の長さになる．右図は曲線 C の左図と同じ分割点で，青のベクトル場 $\boldsymbol{v}$ およびその接線方向成分を点線で書いてある．この点線の長さ（左に出ていれば負）と線の長さをかけて 8 つ足し上げる．この区間幅を極限的に小さくしたものが，ベクトル場の線積分である．

問　題

4.8 曲線 $C : \boldsymbol{r}(t) = (t, t^2, t^3)$ $(0 \leq t \leq \pi)$ の上で，ベクトル場 $\boldsymbol{v} = (\cos x, \cos y, \cos z)$ の線積分を求めよ．

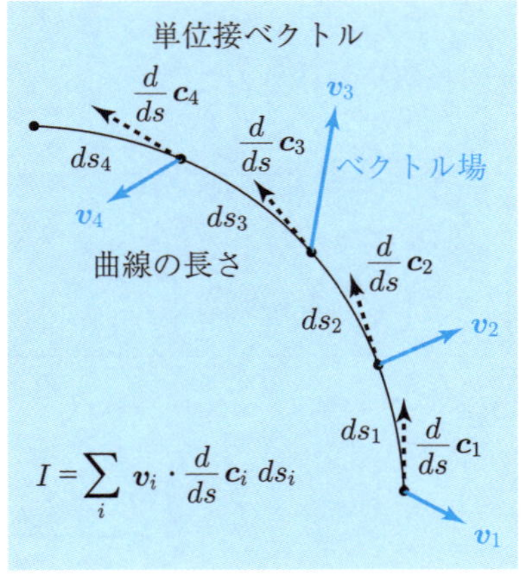

曲線を細かく分割し，その長さ ds とベクトル場 $\boldsymbol{v}$ の接線方向成分をかけて，全体に渡って足し上げたものが，ベクトル場の線積分である．例えば力のベクトル場を，質点の軌跡上で線積分すると，始点から終点までの仕事量となる．

特に $\boldsymbol{v} = k\boldsymbol{t}$（$k$ は定数，$\boldsymbol{t}$ は単位接ベクトル）のときは

$$\int_C k\boldsymbol{t} \cdot d\boldsymbol{r} = k\ (C \text{ の長さ})$$

となる．また，ベクトル場と接ベクトルが常に直交していれば，線積分は 0 となる．

例題 4.7

原点にある点電荷の作る電場

$$\boldsymbol{E} = \frac{1}{4\pi\varepsilon_0}(x, y)(x^2 + y^2)^{-3/2}$$

の中を，荷電粒子（電荷 q）が長方形 $x_1 \leq x \leq x_2$, $y_1 \leq y \leq y_2$ を左回りに 1 周する．このとき，荷電粒子が電場から得るエネルギーを求めよ．ただし x_1, x_2, y_1, y_2 はいずれも 0 でないとする．

解答 右図のように長方形の 4 辺を $C_1 \sim C_4$ とし，その上で，$q\boldsymbol{E}$ を線積分する．C_1 を $(x, y) = (t, y_1)$ $(x_1 \leq t \leq x_2)$ とパラメトライズする．

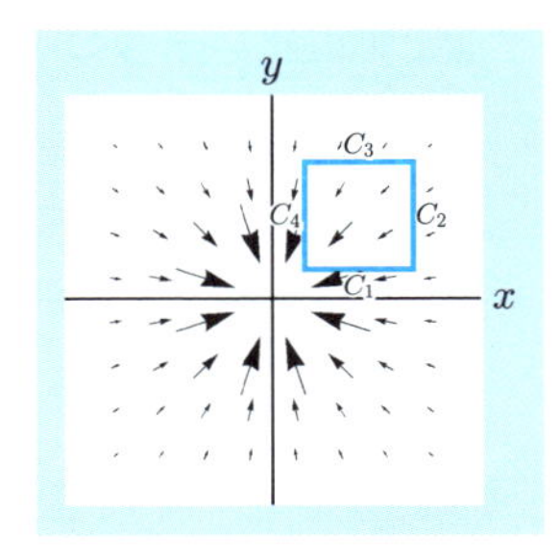

$$(x', y') = (1, 0),$$

$$\begin{aligned}
I_1 &= \int_{C_1} q\boldsymbol{E} \cdot d\boldsymbol{r} \\
&= q\int_{x_1}^{x_2} (t, y_1)(t^2 + y_1^2)^{-3/2} \cdot (1, 0)\, dt \\
&= q\int_{x_1}^{x_2} t(t^2 + y_1^2)^{-3/2}\, dt = q\left[-(t^2 + y_1^2)^{-1/2}\right]_{x_1}^{x_2} \\
&= q\left\{(x_1^2 + y_1^2)^{-1/2} - (x_2^2 + y_1^2)^{-1/2}\right\}
\end{aligned}$$

以下，同様にして

$$\begin{aligned}
&I_2 = \int_{C_2} q\boldsymbol{E} \cdot d\boldsymbol{r} = q\left\{(x_2^2 + y_1^2)^{-1/2} - (x_2^2 + y_2^2)^{-1/2}\right\}, \\
&I_3 = \int_{C_3} q\boldsymbol{E} \cdot d\boldsymbol{r} = q\left\{(x_2^2 + y_2^2)^{-1/2} - (x_1^2 + y_2^2)^{-1/2}\right\}, \\
&I_4 = \int_{C_4} q\boldsymbol{E} \cdot d\boldsymbol{r} = q\left\{(x_1^2 + y_2^2)^{-1/2} - (x_1^2 + y_1^2)^{-1/2}\right\}, \\
&I_1 + I_2 + I_3 + I_4 = 0
\end{aligned}$$

◆

問　題

4.9 原点にある点電荷の作る電場

$$\boldsymbol{E} = \frac{1}{4\pi\varepsilon_0}(x, y)(x^2 + y^2)^{-3/2}$$

の中を，荷電粒子（電荷 q）が領域 $0 < \varepsilon \leq r \leq a,\ 0 \leq \theta \leq \frac{\pi}{2}$ の境界を左回りに1周する．このとき，荷電粒子が電場から得るエネルギーを求めよ．

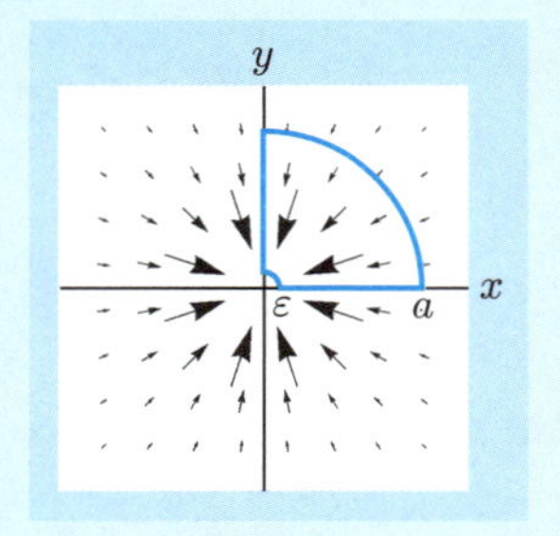

平面上の曲線の法線の向き　平面上の有向曲線に対し，法ベクトルの向きを指定することができる．法ベクトルと接ベクトルが右手系をなすような向きにする．つまり，正の接ベクトルを $\frac{\pi}{2}$ だけ右に回したものが正の法ベクトルである．正の接ベクトルを $\boldsymbol{r}' = (r'_x, r'_y)$ と書けば，$(r'_y, -r'_x)$ が正の法ベクトルである．交点を持たない閉曲線では，外向きが法ベクトルの正の向きとなる．

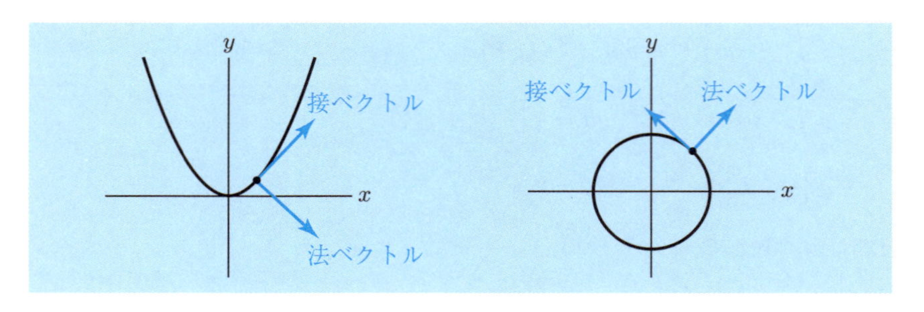

法線線積分（平面上のみ）　平面上では，曲線に法線が1つあるので，ベクトル場の法線方向成分を考えることができる．固有長パラメータで $\boldsymbol{r}(s)$ $(s_1 \leq s \leq s_2)$ と表される曲線 C の法ベクトルを $\boldsymbol{n}$ とする．その上で定義されたベクトル場 $\boldsymbol{v}(s)$ に対し

$$\int_C \boldsymbol{v} \cdot \boldsymbol{n}\, ds := \int_{s_1}^{s_2} \boldsymbol{v}(s) \cdot \boldsymbol{n}(s)\, ds$$

とする．この積分を固有長パラメータ s から一般のパラメータ t に変換してみよう．$\boldsymbol{r}(t)$ $(t_1 \leq t \leq t_2)$ と表される曲線の接ベクトルを $\boldsymbol{r}'(t) = (r'_x, r'_y)$

と書けば，$(r'_y, -r'_x)$ は方向は正の法ベクトル，大きさは $|\boldsymbol{r}'(t)|$ になるので，$\boldsymbol{n}\,ds = (r'_y, -r'_x)\,dt$ となる．よって

$$\int_C \boldsymbol{v}\cdot\boldsymbol{n}\,ds = \int_{t_1}^{t_2} \boldsymbol{v}(s(t))\cdot(r'_y, -r'_x)\,dt$$

となる．ベクトル場 $\boldsymbol{v}(x,y)$, $\boldsymbol{v}(x,y,z)$ の線積分は $\boldsymbol{v}(t) = \boldsymbol{v}(\boldsymbol{r}(t))$ と考える．

例題 4.8

曲線 $x^2 + y^2 = a^2$ 上での，ベクトル場 $\boldsymbol{v} = (bx, cy)$ の法線線積分を求めよ．

解答 曲線を $(a\cos t, a\sin t)$ $(0 \leq t \leq 2\pi)$ とパラメトライズする．接ベクトルは $(-a\sin t, a\cos t)$，法ベクトルは $(a\cos t, a\sin t)$ となる．

$$\begin{aligned} I &= \int_0^{2\pi} (a\cos t, a\sin t)\cdot(ba\cos t, ca\sin t)\,dt \\ &= \int_0^{2\pi} (a^2 b\cos^2 t + a^2 c\sin^2 t)\,dt = a^2(b+c)\pi \end{aligned}$$

◆

右の図は，例題で $a=1, b=1, c=\frac{1}{2}$ として，円を 8 分割し，分割点で法ベクトルおよびベクトル場 $\boldsymbol{v} = \left(x, \frac{y}{2}\right)$ を描いている．法ベクトルとベクトル場の内積に，分割した曲線の長さをかけたものを，全体に渡って足し上げる．この分割を極限的に細かくしたものが，ベクトル場の法線線積分である．ベクトル場が流体の流れであるとき，曲線を裏から表へ流れ出した量が，ベクトル場の法線線積分である．

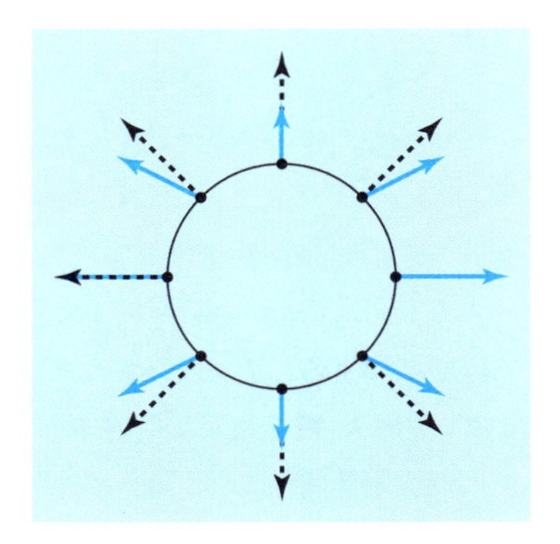

問 題

4.10 曲線 (t, t^2) $(-2 \leq t \leq 2)$ での，ベクトル場 $\boldsymbol{v} = (bx, cy)$ の法線線積分を求めよ．

演習問題

◆**1** 曲線 $x^{3/2}+y^{3/2}=1$ $(0 \leq x, y)$ について，その概形を書き，$(x,y)=\left(\frac{1}{8}, \frac{3\sqrt{3}}{8}\right)$ における接線および法線の方程式を求めよ．

◆**2** 次の平面上の曲線 C，スカラー場 f，ベクトル場 $\boldsymbol{v}$ について，$I_1 : C$ 上の f の線積分，$I_2 : C$ 上の $\boldsymbol{v}$ の接線線積分，$I_3 : C$ 上の $\boldsymbol{v}$ の法線線積分を求めよ．

(1) $C : x^2+y^2=a^2$, $f=x^2+y^2$, $\boldsymbol{v}=(x+y, y-x)$

(2) 点 $\mathrm{O}(0,0)$ から点 $\mathrm{A}(a,b)$ へ向かう線分を C，$f=x^2+y^2$, $\boldsymbol{v}=(x,y)$

(3) $C : (\cosh t, \sinh t)$ $(-1 \leq t \leq 1)$, $f=xy$, $\boldsymbol{v}=(x,y)$

(4) $C : (t-\sin t, \cos t)$ $(0 \leq t \leq 2\pi)$, $f=xy$, $\boldsymbol{v}=(x,y)$

(5) 領域 $0 \leq x \leq 1$, $0 \leq y \leq 1$ の周囲を C，$f=y^2$, $\boldsymbol{v}=(x+y, 1)$

◆**3** 対称性に注意して，次の曲線 C およびスカラー場 f について，C 上の f の線積分を求めよ．

(1) $C : x^2+y^2=a^2$, $f=x^3$

(2) $C : y=x^2$ $(-1 \leq x \leq 1)$, $f=\sin^3 x$

(3) C : 点 $\mathrm{A}(1,1,1)$ から点 $\mathrm{B}(-1,-1,-1)$ に向かう線分，$f=x+x^3$

◆**4** **九州大システム情報科学府 情報学専攻**（記号をテキストに合わせて変更）

直交座標系において，x, y, z 軸方向の単位ベクトルをそれぞれ $\boldsymbol{e}_x$, $\boldsymbol{e}_y$, $\boldsymbol{e}_z$ とする．ベクトル場

$$\boldsymbol{A}=(3x^2+6y)\,\boldsymbol{e}_x-14yz\,\boldsymbol{e}_y+10xz^2\,\boldsymbol{e}_z$$

について，次の曲線 C に対する線積分を計算せよ．

$$C\colon\ \boldsymbol{r}=(t, t^2, t^3) \quad (0 \leq t \leq 1)$$

◆**5** **東北大 応用物理学専攻**

$f(x,y,z)=yz+zx+xy$ とするとき，原点 O から点 $\mathrm{A}(1,2,4)$ にいたる線分 OA に関する，$f(x,y,z)$ の線積分の値を求めよ．

◆**6** **山形大 電気電子工学専攻**

直交座標系 (x,y) において，(x,y) 軸の正の向きを持つ単位ベクトルをそれぞれ $\boldsymbol{i}, \boldsymbol{j}$ とする．直交ベクトル場

$$\boldsymbol{A}=(2x+y)^2\boldsymbol{i}+(3y-4x)\boldsymbol{j}$$

を次の区間で線積分せよ．

(1) 原点 O から点 $\mathrm{A}(2,0)$ までの線分 OA に沿った線積分

(2) 点 $\mathrm{A}(2,0)$ から点 $\mathrm{B}(2,1)$ までの線分 AB に沿った線積分

◆**7**　**九州大システム情報科学府 情報学専攻**（記号をテキストに合わせて変更）

曲線 C を $\boldsymbol{r}(t) = \cos t\, \boldsymbol{e}_x + \sin t\, \boldsymbol{e}_y + 2t\, \boldsymbol{e}_z$ $(0 \leq x \leq \pi)$ で定義する．曲線 C に沿う以下のスカラー場 (1) およびベクトル場 (2) の線積分を計算せよ．

(1)　$\varphi = z(x^2 + y^2 + 2)$

(2)　$\boldsymbol{A} = x\, \boldsymbol{e}_x + y\, \boldsymbol{e}_y + z^2\, \boldsymbol{e}_z$

◆**8**　**九州大システム情報科学府 情報学専攻**（記号をテキストに合わせて変更）

ベクトル場を $\boldsymbol{F} = 3u\, \boldsymbol{e}_x + u^2\, \boldsymbol{e}_y + (u+2)\, \boldsymbol{e}_z$，および $\boldsymbol{V} = 2u\, \boldsymbol{e}_x - 3u\, \boldsymbol{e}_y + (u^2)\, \boldsymbol{e}_z$ とする．$\int_0^2 (\boldsymbol{F} \cdot \boldsymbol{V}) du$ を計算せよ．

◆**9**　**東北大 機械・知能系**（記号をテキストに合わせて変更）

曲面 S が次のように与えられる．

$$S : x^2 + y^2 = z$$

以下の問いに答えよ．

(1)　S を図示せよ．

(2)　z 軸正の向きと鋭角をなす S の単位法ベクトル $\boldsymbol{n}$ を求めよ．

(3)　S と平面 $z = 2x$ との交線を C とする．C を xy 平面上に射影したものを図示せよ．

(4)　ベクトル場 $\boldsymbol{A}$ が

$$\boldsymbol{A} = xz\, \boldsymbol{e}_x + xy^2\, \boldsymbol{e}_y + y^2\, \boldsymbol{e}_z$$

で与えられる．ただし，$\boldsymbol{e}_x$, $\boldsymbol{e}_y$, $\boldsymbol{e}_z$ はそれぞれ x, y, z 軸方向の単位ベクトルである．問 (3) の C について線積分

$$\int_C \boldsymbol{A} \cdot d\boldsymbol{r}$$

を求めよ．

第5章

面 積 分

この章では，曲面上の面積分を扱う．平面上では，曲面は平らな領域となり，微分積分で学習した 2 重積分と同じである．よって，この節では空間内の話に限定する．面積分（めんせきぶん）は英語では surface integral という．面上の全てに渡り，物事を足し上げることを指す．

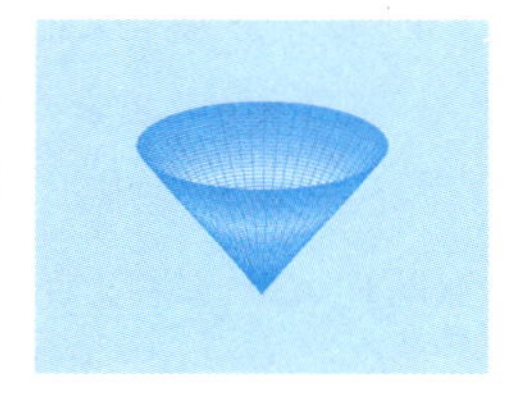

5.1 面積要素

曲面の接ベクトル，法ベクトル　空間内の曲面 (surface) は，2 つのパラメータに依存する位置ベクトル $\boldsymbol{r}(t,s)$ で表すことができる．その像 $S=\{\boldsymbol{r}(t,s)\,|\,t_1\le t\le t_2, s_1\le s\le s_2\}$ が曲面そのものである．$\boldsymbol{r}(t,s)$ は座標系を用いると，3 つの 2 変数関数で表すことができる．例えば直交座標 (x,y,z) を用いると，$\boldsymbol{r}(t,s)=(x(t,s),y(t,s),z(t,s))$ と表せる．

ここでは $x(t,s),y(t,s),z(t,s)$ が偏微分可能だと仮定して，$\partial_t\boldsymbol{r}(t,s)=(\partial_t x,\partial_t y,\partial_t z)$, $\partial_s\boldsymbol{r}(t,s)=(\partial_s x,\partial_s y,\partial_s z)$ とする．曲面上に書かれた曲線 $\{\boldsymbol{r}(t,s_0)\,|\,t_1\le t\le t_2\}$ の**接ベクトル**を考える．曲線上の点 $\boldsymbol{r}(t_0,s_0)$ における接ベクトルは $\partial_t\boldsymbol{r}(t_0,s_0)$ となる．同様にして $\partial_s\boldsymbol{r}(t_0,s_0)$ は曲線 $\{\boldsymbol{r}(t_0,s)\,|\,s_1\le s\le s_2\}$ の上の点 $\boldsymbol{r}(t_0,s_0)$ における接ベクトルとなっている．

2 つの接ベクトルは平行でないと仮定する（平行となったときは，別のパラメータに取り直す）．接平面が 2 次元平面であることを考えると，曲面 S の $\boldsymbol{r}(t_0,s_0)$ における全ての接ベクトルは上の 2 つの接ベクトルの線形和

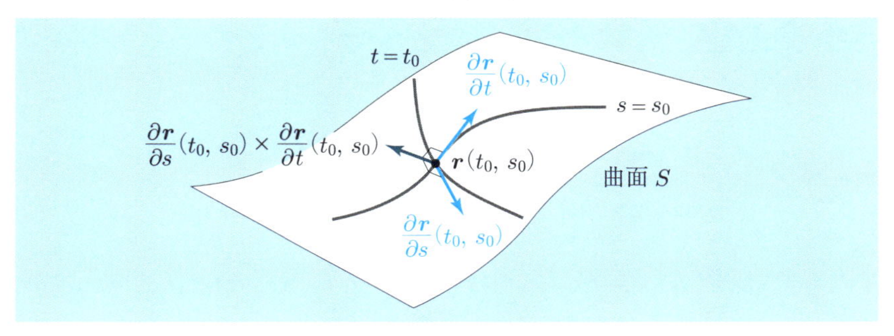

$a\,\partial_t\boldsymbol{r}(t_0,s_0)+b\,\partial_s\boldsymbol{r}(t_0,s_0)$ $(a,b\in\mathbf{R})$ で表せる．点 $\boldsymbol{r}(t_0,s_0)$ における全ての接ベクトルは

$$\partial_t\boldsymbol{r}(t_0,s_0)\times\partial_s\boldsymbol{r}(t_0,s_0)$$

と直交することになり，これが曲面 S の点 $\boldsymbol{r}(t_0,s_0)$ における**法ベクトル** (normal vector) となる．このベクトルの大きさは，パラメータ依存するので，単位化した次式の方が幾何的な意味がある．

曲面の単位法ベクトル

$$\boldsymbol{n}(t,s)=\frac{\partial_t\boldsymbol{r}(t,s)\times\partial_s\boldsymbol{r}(t,s)}{|\partial_t\boldsymbol{r}(t,s)\times\partial_s\boldsymbol{r}(t,s)|}$$

例題 5.1

曲面 $\boldsymbol{r}=(t,s,t^2+s^2)$ 上の点 $(t,s)=(1,2)$ における法線の方程式を求めよ．

解答 $\partial_t\boldsymbol{r}=(1,0,2t),\partial_s\boldsymbol{r}=(0,1,2s),\partial_t\boldsymbol{r}\times\partial_s\boldsymbol{r}=(-2t,-2s,1)$

よって法線の方向ベクトルは $(-2,-4,1)$

$\boldsymbol{r}(1,2)=(1,2,5)$ を通るので，$\dfrac{x-1}{-2}=\dfrac{y-2}{-4}=z-5$ ◆

問 題

5.1 曲面 $x^2+2y^2+4z^2=4$ の点 $(x,y,z)=\left(1,1,\frac{1}{2}\right)$ における法線の方程式を求めよ．

曲面の面積要素 ベクトル $\partial_t \boldsymbol{r}(t_0, s_0) \times \partial_s \boldsymbol{r}(t_0, s_0)$ の方向は法線方向であることが分かったが，大きさの意味を考える．

$$dt\,\partial_t \boldsymbol{r}(t_0, s_0) = \boldsymbol{r}(t_0 + dt, s_0) - \boldsymbol{r}(t_0, s_0),$$
$$ds\,\partial_s \boldsymbol{r}(t_0, s_0) = \boldsymbol{r}(t_0, s_0 + ds) - \boldsymbol{r}(t_0, s_0 + ds)$$

となることを考えると，$\boldsymbol{r}(t_0, s_0), \boldsymbol{r}(t_0{+}dt, s_0), \boldsymbol{r}(t_0, s_0{+}ds), \boldsymbol{r}(t_0{+}dt, s_0{+}ds)$ の4点からなる微小な平行四辺形の面積は

$$|dt\,\partial_t \boldsymbol{r}(t_0, s_0) \times ds\,\partial_s \boldsymbol{r}(t_0, s_0)| = |\partial_t \boldsymbol{r}(t_0, s_0) \times \partial_s \boldsymbol{r}(t_0, s_0)|\,dtds$$

となる．

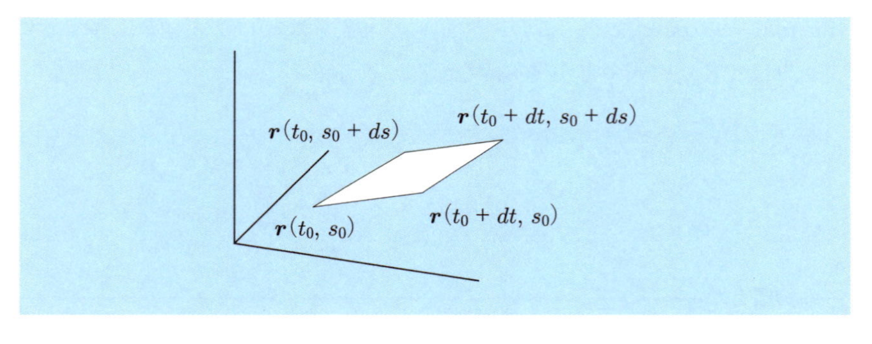

これは，曲面の $t \sim t + dt,\ s \sim s + ds$ という微小部分の面積と近似できる．これを次のように表す．

曲面の面積要素 (area element)

$$dS := |\partial_t \boldsymbol{r}(t, s) \times \partial_s \boldsymbol{r}(t, s)|\,dtds$$

曲面の微小部分 $t \sim t + dt,\ s \sim s + ds$ の面積

面積素や面素と呼ぶ本もある．

例題 5.2

(1) 球面 $\boldsymbol{r}(\theta,\phi) = (r_0 \sin\theta\cos\phi, r_0\sin\theta\sin\phi, r_0\cos\theta)$ $(0 \le \theta \le \pi,\ 0 \le \phi \le 2\pi)$ の面積要素 dS を求めよ．

(2) $x^2 + y^2 + z^2 = r_0^2,\ a\cos\theta_0 \le z$ $(0 \le \theta_0 \le \pi)$ と表される曲面の面積を求めよ．

解答 (1) $\partial_\theta \boldsymbol{r} = (r_0\cos\theta\cos\phi, r_0\cos\theta\sin\phi, -r_0\sin\theta)$,

$\partial_\phi \boldsymbol{r} = (-r_0\sin\theta\sin\phi, r_0\sin\theta\cos\phi, 0)$,

$\partial_\theta \boldsymbol{r} \times \partial_\phi \boldsymbol{r} = (r_0^2\sin^2\theta\cos\phi, r_0^2\sin^2\theta\sin\phi, r_0^2\sin\theta\cos\theta)$,

$dS = |\partial_\theta \boldsymbol{r} \times \partial_\phi \boldsymbol{r}|\, d\theta d\phi = r_0^2 \sin\theta\, d\theta d\phi$

(2) $$S = \int_0^{2\pi} d\phi \int_0^{\theta_0} d\theta\, r_0^2 \sin\theta = 2\pi r_0^2[-\cos\theta]_0^{\theta_0} = 4\pi r_0^2(1-\cos\theta_0)$$ ◆

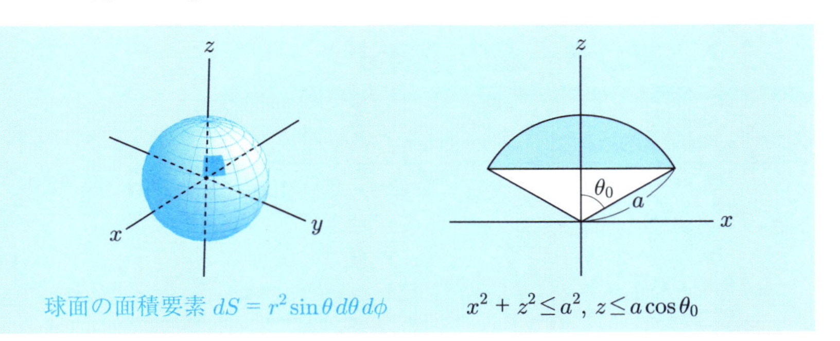

球面の面積要素 $dS = r^2\sin\theta\, d\theta\, d\phi$　　$x^2 + z^2 \le a^2,\ z \le a\cos\theta_0$

（左図） r を一定に保ちながら，$\theta \sim \theta + d\theta,\ \phi \sim \phi + d\phi$ という微小曲面を表している．長方形で近似すると，1 辺の長さが $r\,d\theta,\ r\sin\theta\,d\phi$ となり，面積は $dS = r^2\sin\theta\,d\theta d\phi$ となる．

（右図） 例題 5.2 (2) の曲面の $y = 0$ での断面．

問題

5.2 ρ_0 は正定数とする．

(1) 円柱 $\boldsymbol{r}(\phi, z) = (\rho_0\cos\phi, \rho_0\sin\phi, z)$ $(0 \le \phi \le 2\pi)$ の面積要素は $dS = \rho_0\, d\phi dz$ となることを示せ．

(2) $x^2 + y^2 = \rho_0^2,\ 0 \le z \le x$ と表される曲面の面積を求めよ．

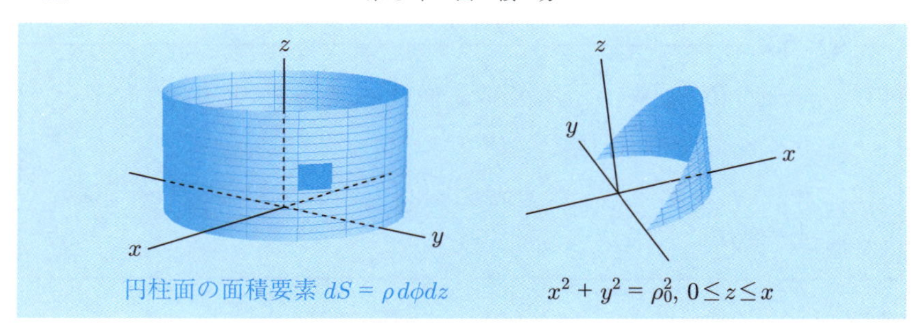

（左図） ρ を一定に保ちながら，$\phi \sim \phi + d\phi$, $z \sim z + dz$ という微小曲面を表している．長方形で近似すると，1 辺の長さが $\rho\, d\phi$, dz となり，面積は $dS = \rho\, d\phi dz$ となる．

（右図） 問題 5.2 (2) の曲面の様子．

5.2 スカラー場の面積分

スカラー場の面積分 (surface integral of scalar field) 曲面 S が $\boldsymbol{r}(t,s)$ $((t,s) \in D \subset \mathbf{R}^2)$ と表されるとき，S 上で定義されたスカラー $f(t,s)$ に対し，

$$\iint_S f dS := \iint_D \underbrace{f(t,s)}_{\text{スカラー場の値}} \underbrace{|\partial_t \boldsymbol{r}(t,s) \times \partial_s \boldsymbol{r}(t,s)|\, dtds}_{\text{面積要素}}$$

とする．スカラー場 f に対しては $f(t,s) = f(\boldsymbol{r}(t,s))$ とする．

例題 5.3

曲面 $S : x^2 + y^2 + z^2 = a^2$ 上での，スカラー場 $f = z^2$ の面積分を求めよ．

解答 球面の $\boldsymbol{r}(\theta,\phi)$ と面積要素は例題より $dS = a^2 \sin\theta\, d\theta d\phi$

$$\int_0^\pi d\theta \int_0^{2\pi} d\phi \underbrace{a^2 \sin\theta}_{\text{面積要素}} \underbrace{(a\cos\theta)^2}_{\text{スカラー場}}$$

$$= 2\pi a^4 \int_0^\pi \cos^2\theta \sin\theta\, d\theta = 2\pi a^4 \left[-\frac{1}{3}\cos^3\theta\right]_0^\pi = \frac{4}{3}\pi a^4$$

◆

問 題

5.3 曲面 $x^2+y^2=4,\, 0 \leq z \leq 1$ 上での，スカラー場 $f=x^2+y^2+z^2$ の面積分を求めよ．

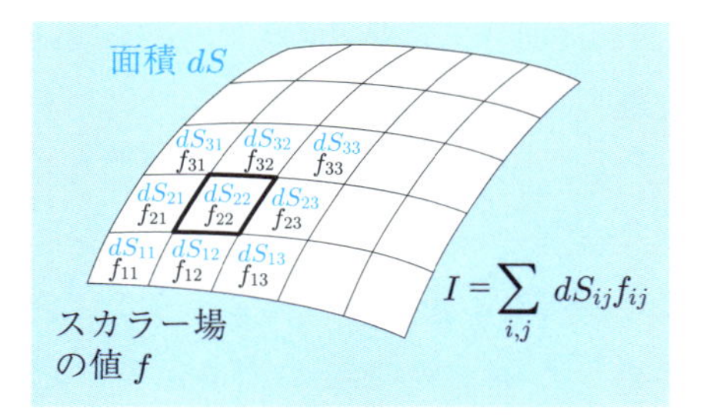

（スカラー場の面積分の意味）
曲面を細かく分け，その面積とスカラーの値をかけて，全体に渡って足しあげたものである．

例えば面密度（単位面積あたりの質量）ρ_{mass} を面積分すると，全体の重さとなる．f の重みつき曲面積ともいえる．特に $f=k$（定数）のときは $\int_S k\, ds = k$（S の面積）となる．

例題 5.4

鋼鉄板 $z=x^2+y^2 \leq 1$ があり，面密度は $\rho_{\text{mass}}=1+z$ とする．このとき，鋼鉄板全体の重さを求めよ．

解答 鋼鉄板上で，面密度を面積分すればよい．

曲面 $\boldsymbol{r}=(\rho\cos\phi, \rho\sin\phi, \rho^2)$ $(0 \leq \rho \leq 1,\ 0 \leq \phi \leq 2\pi)$

$\partial_\rho \boldsymbol{r}=(\cos\phi, \sin\phi, 2\rho)$, $\partial_\phi \boldsymbol{r}=(-\rho\sin\phi, \rho\cos\phi, 0)$

$\partial_\rho \boldsymbol{r} \times \partial_\phi \boldsymbol{r}=(-2\rho^2\cos\phi, -2\rho^2\sin\phi, \rho)$, $dS=\rho\sqrt{1+4\rho^2}\, d\rho d\phi$

$$\int_0^1 d\rho \int_0^{2\pi} d\phi \underbrace{(1+\rho^2)}_{\text{スカラー場}}\underbrace{\rho\sqrt{1+4\rho^2}}_{\text{面積要素}} = \frac{25\sqrt{5}-3}{40}\pi$$ ◆

問 題

5.4 金属板 $z^2=x^2+y^2,\, 0 \leq z \leq 1$ 上に，荷電粒子が単位面積あたり $\rho_{\text{ec}}=1+2z$ だけ帯電している．このとき，金属板全体の帯電量を求めよ．

5.3 ベクトル場の面積分

有向曲面 曲線の始点と終点を区別し，向きを考えたものを有向曲線と呼んだ．これと同じように，曲面にも表と裏を区別し，向きを考えたものを**有向曲面** (oriented surface) と呼ぶ．特に閉曲面については，内側を裏，外側を表と考えることにする．曲面の法ベクトルは，裏から表に向かうようにとることにする．

ベクトル場の面積分 有向曲面 S の単位法ベクトルを $\boldsymbol{n}$ とする．S 上で定義されたベクトル $\boldsymbol{v}(t,s)$ に対し，スカラー場 $\boldsymbol{v}\cdot\boldsymbol{n}$ の S 上の面積分

$$\iint_S \boldsymbol{v}\cdot d\boldsymbol{S} := \iint_S (\boldsymbol{v}\cdot\boldsymbol{n})\,dS$$

をベクトル場の**面積分** (surface integral of vector field) という．S が $\boldsymbol{r}(t,s)$ $((t,s)\in D\subset\mathbf{R}^2)$ と表され，$\partial_t\boldsymbol{r}\times\partial_s\boldsymbol{r}$ が表向きとすると，p.51 の単位法ベクトルと p.52 の面積要素より，$\boldsymbol{n}\,dS = |\partial_t\boldsymbol{r}(t,s)\times\partial_s\boldsymbol{r}(t,s)|\,dtds$ となる．つまり上の積分は

$$\iint_S \boldsymbol{v}\cdot d\boldsymbol{S} = \iint_D \underbrace{\boldsymbol{v}(t,s)}_{\text{ベクトル場}}\cdot\underbrace{(\partial_t\boldsymbol{r}(t,s)\times\partial_s\boldsymbol{r}(t,s))\ dtds}_{\text{大きさは面積要素，方向は法線}}$$

- ベクトル場 $\boldsymbol{v}(x,y,z)$ に対しては $\boldsymbol{v}(t,s)=\boldsymbol{v}(\boldsymbol{r}(t,s))$ とする．
- 面の表裏が変わると符号が変わる．

例題 5.5

曲面 $(t,s,1+ts)$ $(0\le t\le 1,\ 0\le s\le 1)$ 上での，ベクトル場 $\boldsymbol{v}=(x,y,z)$ の面積分を求めよ．ただし曲面の表は原点のある側とする．

解答 $\partial_t\boldsymbol{r}=(1,0,s),\quad \partial_s\boldsymbol{r}=(0,1,t),\quad \partial_t\boldsymbol{r}\times\partial_s\boldsymbol{r}=(-s,-t,1)$

曲面上の点 A$(0,0,1)$ を考え，$\overrightarrow{\mathrm{AO}}=(0,0,-1)$ と，上の法ベクトルの内積は負なので，この法ベクトルは負の向きである．

$$\int_0^1 dt\int_0^1 ds\underbrace{(t,s,1+ts)}_{\text{ベクトル場}}\cdot\underbrace{(s,t,-1)}_{\text{法ベクトル}} = \int_0^1 dt\int_0^1 ds(st-1) = -\frac{3}{4}$$ ◆

問　題

5.5　曲面 $x^2+y^2+z^2=a^2$ 上の，ベクトル場 $\boldsymbol{v}=(0,y,z)$ の面積分を求めよ．ヒント 対称性より $(0,0,z)$ の面積分と $(0,y,0)$ の面積分は等しいので，$(0,0,z)$ の面積分を求め 2 倍すればよい．

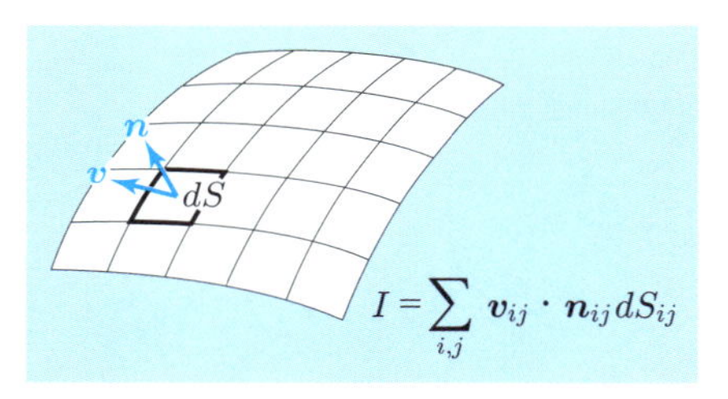

（ベクトル場の面積分の意味）
曲面を細かく分け，その面積とベクトル場の法線方向成分の値をかけて，全体に渡って足しあげたものである．

例えば $\boldsymbol{v}$ が流速の場合，$\iint_S \boldsymbol{v}\cdot d\boldsymbol{S}$ は S を通って裏から表に通り抜ける毎時間あたりの流量である．

例題 5.6

円筒 $x^2+y^2\le a^2$, $z_1\le z\le z_2$ の表面を S とする．水の流れを $\boldsymbol{v}=(x,y,z)$ とするとき，円筒の中から外へ流れ出る毎時間あたりの水量を求めよ．

解答　側面，上面，下面に分けて積分をする．

側面：$\boldsymbol{r}=(a\cos\phi, a\sin\phi, z)$ $(0\le\phi\le 2\pi,\ z_1\le z\le z_2)$

$$\boldsymbol{n}=(\cos\phi,\sin\phi,0),\qquad dS=a\,d\phi dz$$

$$\int_0^{2\pi}d\phi\int_{z_1}^{z_2}dz\underbrace{(a\cos\phi,a\sin\phi,z)}_{\boldsymbol{v}}\cdot\underbrace{(\cos\phi,\sin\phi,0)}_{\boldsymbol{n}}\underbrace{a}_{\text{面積要素}}$$

$$=\int_0^{2\pi}d\phi\int_{z_1}^{z_2}dz\,a^2=2\pi a^2(z_2-z_1)$$

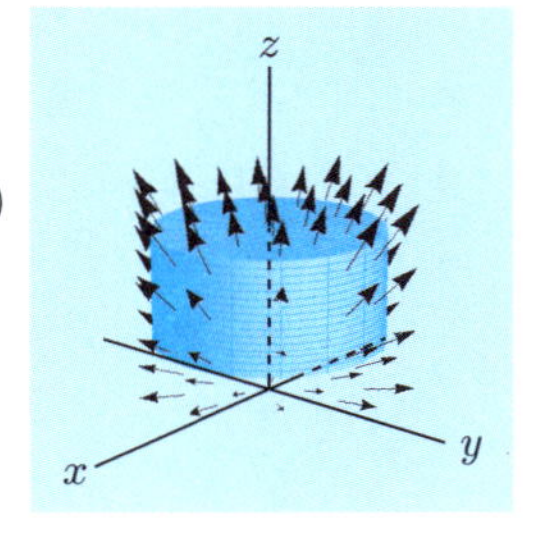

上面：$\boldsymbol{r}=(\rho\cos\phi,\rho\sin\phi,z_2)$ $(0\le\rho\le a,\ 0\le\phi\le 2\pi)$

$$\boldsymbol{n}=(0,0,1),$$
$$dS=\rho\,d\phi d\rho$$

$$\int_0^{2\pi} d\phi \int_0^a d\rho \underbrace{(\rho\cos\phi, \rho\sin\phi, z_2)}_{\boldsymbol{v}} \cdot \underbrace{(0,0,1)}_{\boldsymbol{n}} \underbrace{\rho}_{\text{面積要素}}$$
$$= \pi a^2 z_2$$

下面：上面の z_2 を z_1 に変え，$\boldsymbol{n}$ の向きを変えると，$-\pi a^2 z_1$

合計：$2\pi a^2(z_2 - z_1) + \pi a^2 z_2 - \pi a^2 z_1 = 3\pi a^2(z_2 - z_1)$ ◆

問　題

5.6　直方体 $x_1 \leq x \leq x_2$, $y_1 \leq y \leq y_2$, $z_1 \leq z \leq z_2$ の表面を S とする．電流の流れを $\boldsymbol{v} = (x^2, y^2, z^2)$ とするとき，この直方体から外に流れ出る毎時間あたりの電荷量を求めよ．

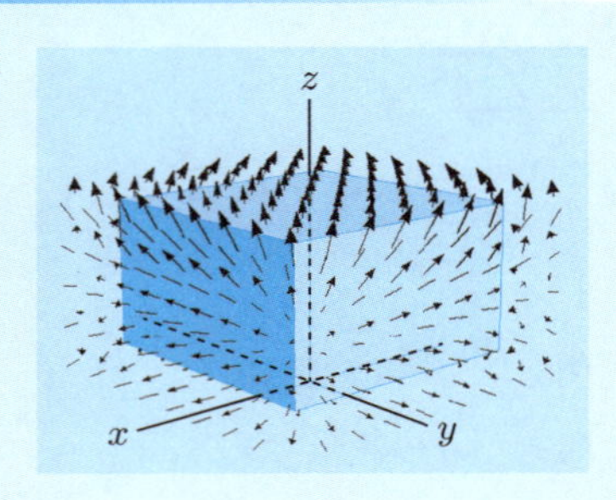

演習問題

◆**1**　$r = a$, $\theta_1 \leq \theta \leq \theta_2$, $\phi_1 \leq \phi \leq \phi_2$ と表される曲面の面積を求めよ．

◆**2**　$z = x^2 + y^2$ と表される曲面へ，点 $(3,3,1)$ から下ろした垂線の方程式を求めよ．

◆**3**　次の曲面 S，スカラー場 f，スカラー場 $\boldsymbol{v}$ について，S 上の f の面積分 I_1，S 上の $\boldsymbol{v}$ の面積分 I_2 を求めよ．

(1)　$S : x + y + z \leq 1, 0 \leq x, y, z$（ただし原点側が裏），$f = x^2 + y^2 + z^2$, $\boldsymbol{v} = (ax, by, cz)$

(2)　$S : x^2 + y^2 + z^2 = a^2$, $f = x^4 + y^4 + z^4$, $\boldsymbol{v} = (x + y, y + z, z + x)$

(3)　$-1 \leq x \leq 1, -1 \leq y \leq 1, -1 \leq z \leq 1$ の表面 S，$f = r^2$, $\boldsymbol{v} = r\boldsymbol{e}_r$

(4)　$z^2 + x^2 \leq a^2, 0 \leq y \leq h$ の表面 S，$f = x + y + z$, $\boldsymbol{v} = (x, y, z)$

◆**4**　対称性に注意して，次の面積分を求めよ．

(1)　$S : x^2 + y^2 + z^2 = a^2$ 上での，$f = x$ の積分

(2)　$S : x^2 + y^2 + z^2 = r_0^2$ 上での，$\boldsymbol{v} = (a, b, c)$ の積分

(3)　$S : x^2 + y^2 = a^2$ $(0 \leq z \leq 1)$ 上での，$f = \sin x$ の積分

(4)　$S : x^2 + y^2 = a^2$ $(0 \leq z \leq 1)$ 上での，$\boldsymbol{v} = (a, b, c)$ の積分

◆**5**　**東北大 応用物理学専攻**

平面 $2x+2y+z=2$ が x, y, z 座標軸と交わる 3 つの点 A, B, C を結ぶ線分で囲まれた三角形の面を S とするとき,

$$g(x,y,z)=x^2+2y+z-1$$

の S に関する面積分の値を求めよ.

◆**6**　**東京大 システム創成学・原子力国際・技術経営戦略学専攻**（記号をテキストに合わせて変更）

平面 $2x+2y+z=2$ が, 座標軸と交わる点を結ぶ線分で囲まれた三角形を S とし, 原点のある側を表とする. このとき, ベクトル場

$$\boldsymbol{A}=x\,\boldsymbol{e}_x-2z\,\boldsymbol{e}_z$$

の S に関する法線面積分を求めよ. ただし, $\boldsymbol{e}_x=(1,0,0)$, $\boldsymbol{e}_z=(0,0,1)$ とする.

◆**7**　**九州大システム情報科学府 情報学専攻**

ベクトル場 $\boldsymbol{A}=18z\,\boldsymbol{e}_x-12\,\boldsymbol{e}_y+3y\,\boldsymbol{e}_z$ について, 次の面 S に対する $\boldsymbol{A}$ の面積分を計算せよ.

$$S\colon\ 2x+3y+6z=12\quad(x\geq 0,\ y\geq 0,\ z\geq 0)$$

◆**8**　**金沢大 機械科学・電子情報工学・環境デザイン学**

領域 V: $x^2+y^2+\frac{z^2}{4}\leq 1$ とベクトル場 $\boldsymbol{A}=\left(x,y,\frac{z}{4}\right)$ を考える. S を V の境界とする. 次の問いに答えよ.

(1)　V の体積を求めよ.

(2)　S 上の点 (x,y,z) における外向き単位法ベクトル $\boldsymbol{n}$ と内積 $\boldsymbol{A}\cdot\boldsymbol{n}$ を求めよ.

(3)　面積分

$$\iint_S\sqrt{x^2+y^2+\frac{z^2}{16}}\,dS$$

の値を求めよ.

◆**9**　**九州大 システム情報科学府 情報学専攻**（記号をテキストに合わせて変更）

直交座標系において, x, y, z 軸方向の単位ベクトルをそれぞれ $\boldsymbol{e}_x$, $\boldsymbol{e}_y$, $\boldsymbol{e}_z$ とする. ベクトル場を $\boldsymbol{A}=xz\,\boldsymbol{e}_x+yz^2\,\boldsymbol{e}_y+3x\,\boldsymbol{e}_z$ とし, 面 S を $\left\{(x,y,z)\,|\,x^2+y^2\leq z^2,\ 0\leq z\leq 2\right\}$ の全表面とする. $\boldsymbol{A}$ の S 上の面積分を計算せよ.

第6章

体 積 分

この章では，領域上の体積分を扱う．3 次元的な領域を積分範囲とするので，空間内の話に限る．体積分(たいせきぶん)は英語では volume integral という．3 次元的な領域内で，物事を足し上げることを指す．右図のような複数の材料や複雑な密度からなるパフェの重量を，足し上げによって求めるようなイメージである．

6.1 体 積 要 素

領域の体積要素 空間内の領域 (domain) は，3 つのパラメータに依存する位置ベクトル $\boldsymbol{r}(t,s,u)$ で表すことができる．その像 $D=\{\boldsymbol{r}(t,s,u)\,|\,(t,s,u)\in D_{tsu}\}$ が領域そのものである．$\boldsymbol{r}(t,s,u)$ は座標系を用いると，3 つの 3 変数関数で表すことができる．例えば直交座標 (x,y,z) を用いると，$\boldsymbol{r}(t,s)=(x(t,s,u),y(t,s,u),z(t,s,u))$ と表せる．

領域 $\boldsymbol{r}(t,s,u)$ の $t\sim t+dt$, $s\sim s+ds$, $u\sim t+du$ に対応する微小部分は，$\boldsymbol{r}(t,s,u)$ を頂点の 1 つとし，$dt(\partial_t\boldsymbol{r})$, $ds(\partial_s\boldsymbol{r})$, $du(\partial_u\boldsymbol{r})$ の 3 つの方向を持つ平行六面体となる．

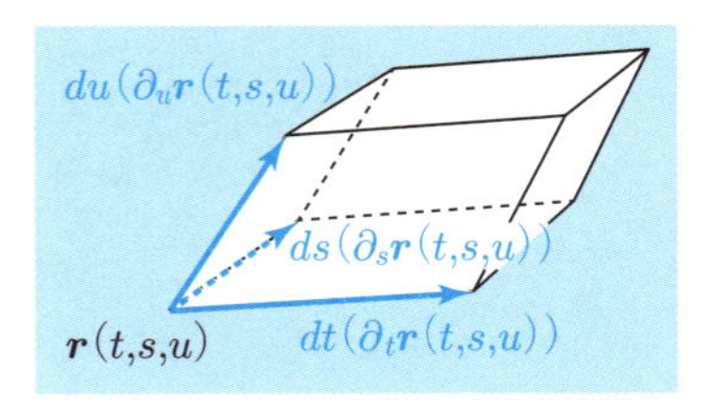

この体積は，3 つのベクトル $dt(\partial_t\boldsymbol{r})$, $ds(\partial_s\boldsymbol{r})$, $du(\partial_u\boldsymbol{r})$ のスカラー 3 重積の絶対値となり，$\left|\det\frac{\partial(x,y,z)}{\partial(t,s,u)}\right|dtdsdu$ となる．これを次のように表す．

領域の体積要素 (volume element)

$$dV := \left|\det \frac{\partial(x,y,z)}{\partial(t,s,u)}\right| dtdsdu$$

領域の微小部分 $t \sim t+dt,\ s \sim s+ds,\ u \sim u+du$ の体積

特に x,y,z をパラメータにすれば，$dV = dxdydz$ となる．

例題 6.1

球座標の r,θ,ϕ を使って体積要素 dV を表せ．

解答 $dV = \left|\det \dfrac{\partial(x,y,z)}{\partial(r,\theta,\phi)}\right| drd\theta d\phi = r^2 \sin\theta\, drd\theta d\phi$ ◆

問　題

6.1 円柱座標 ρ,ϕ,z で体積要素を表すと $dV = \rho\, d\rho d\phi dz$ となることを示せ．

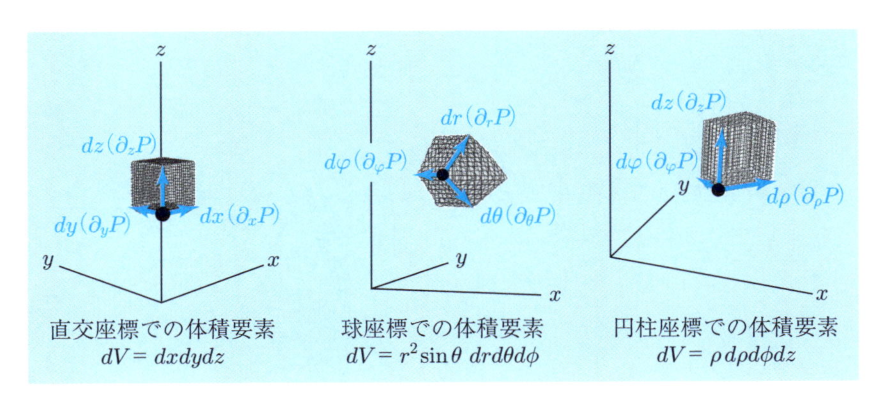

直交座標での体積要素 $dV = dxdydz$　　球座標での体積要素 $dV = r^2 \sin\theta\ drd\theta d\phi$　　円柱座標での体積要素 $dV = \rho\, d\rho d\phi dz$

（左図）$x \sim x+dx,\ y \sim y+dy,\ z \sim z+dz$ の直方体で，体積は $dV = dxdydz$.

（中図）$r \sim r+dr,\ \theta \sim \theta+d\theta,\ \phi \sim \phi+d\phi$ の領域で，直方体に近似すると，辺の長さが $dr,\ r\,d\theta,\ r\sin\theta d\phi$ となり，体積は $dV = r^2 \sin\theta drd\theta d\phi$.

（右図）$\rho \sim r+d\rho,\ \phi \sim \phi+d\phi,\ z \sim z+dz$ の領域で，直方体に近似すると，辺の長さが $d\rho,\ \rho d\phi,\ dz$ となり，体積は $dV = \rho\, d\rho d\phi dz$.

6.2 スカラー場の体積分

スカラー場の体積分 (volume integral of scalar field) 空間内の領域 $D = \{\boldsymbol{r}(t,s,u) \mid (s,t,u) \in D_{tsu}\}$ と，その上で定義されたスカラー場 $f(t,s,u)$ に対し，

$$\iiint_D f\,dV := \iiint_{(s,t,u)\in D_{tsu}} \underbrace{f(t,s,u)}_{\text{スカラー場}} \underbrace{\left|\det\frac{\partial(x,y,z)}{\partial(t,s,u)}\right| dtdsdu}_{\text{体積要素}}$$

とする．パラメータを x, y, z にとれば，$\iiint_D f\,dV = \iiint_{D_{xyz}} f(x,y,z)\,dxdydz$ となり，2章の微分積分で復習した3重積分のことである．

例題 6.2

原点を中心にした1辺の長さ2の立方体の内部を D とする．スカラー場 $f = x^2$ の D 上の体積分を求めよ．

解答 $\displaystyle\int_{-1}^{1} dx \int_{-1}^{1} dy \int_{-1}^{1} dz\, x^2$

$$= 4\int_{-1}^{1} x^2 dx = 4\left[\frac{x^3}{3}\right]_{-1}^{1} = \frac{8}{3} \quad ◆$$

右図は例題の立方体を 6^3 個に細かく分割し，その中心でのスカラーの値が書いてある．分割した微小部分の体積と，このスカラー値をかけ，全体に渡って足し上げる．この分割を極限的に細かくしたものが，体積分である．

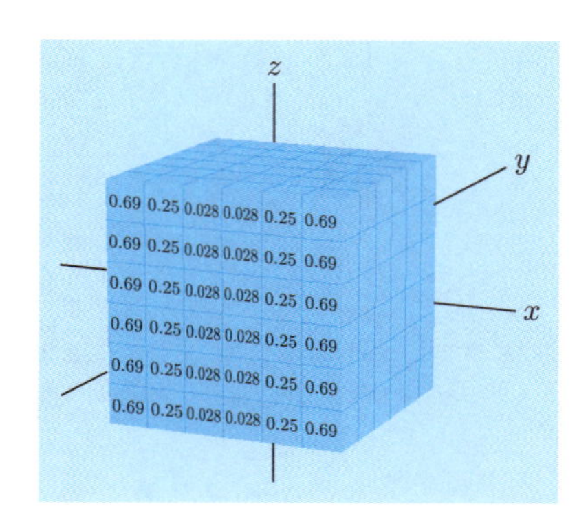

問 題

6.2 領域 $x^2 + y^2 + z^2 \le a^2$ での，スカラー場 $f = y^2$ の体積分を求めよ．

ヒント $f = z^2$ と考えても，体積分の値は同じである．

領域を細かく分け，その体積とスカラーの値をかけて，全体に渡って足しあげたものが，スカラー場の体積分である．例えば密度（単位体積あたりの質量）ρ_{mass} を体積分すると，全体の重さとなる．f の重みつき体積ともいえる．特に $f = k$（定数）のときは $\iiint_D k\,dV = k$（D の体積）となる．

例題 6.3

半径 a の球の内部の密度 ρ_{mass} は，中心からの距離に比例すると仮定する．球全体の重さが m のとき，密度 ρ_{mass} を求めよ．

解答 比例定数を k として，$\rho_{\mathrm{mass}} = kr$ と書ける．

$$m = \int_0^a dr \int_0^\pi d\theta \int_0^{2\pi} d\phi \underbrace{kr}_{\text{密度}} \underbrace{r^2 \sin\theta}_{\text{体積要素}} = k\frac{a^4}{4} 2(2\pi) = k\pi a^4$$

よって，$k = \dfrac{m}{\pi a^4}$ であり，$\rho_{\mathrm{mass}} = \dfrac{mr}{\pi a^4}$． ◆

問　題

6.3 半径 a，高さ h の円柱内部の電荷密度 ρ_{ec} は，円柱の中心軸からの距離に比例するという．円柱全体の荷電量 q のとき，密度 ρ_{ec} を求めよ．

演習問題

◆**1** 球座標 r, θ, ϕ を用いて，

$$r_1 \le r \le r_2, \quad 0 \le \theta_1 \le \theta \le \theta_2 \le \pi, \quad 0 \le \phi_1 \le \theta \le \phi_2 \le 2\pi$$

と表される領域の体積 V を求めよ．

◆**2** 円柱座標 (ρ, ϕ, z) を用いて，

$$\rho_1 \le \rho \le \rho_2, \quad 0 \le \phi_1 \le \theta \le \phi_2 \le 2\pi, \quad z_1 \le z \le z_2$$

と表される領域の体積 V を求めよ．

◆**3** 次の領域 D とスカラー場 f について，D 上の f の体積分を求めよ．

(1) $D: x^2 + y^2 + z^2 \le a^2$, $f = x^4 + y^4 + z^4$

(2) $D: x^2 + y^2 + z^2 \le a^2$, $f = r^{-2}$

(3) $D: x^2 + y^2 \le z^2 \le a^2$, $f = x^2 + y^2$（D には上側と下側がある）

(4) y 軸を中心軸とした半径 a の円柱内部の，$0 \leq y \leq h$ の部分を D, $f = x^2 + y^2 + z^2$. ヒント y を z と読み替えても値は変わらない.

(5) $D: -a \leq x \leq a,\ -a \leq y \leq a,\ -a \leq z \leq a,\ f = r^2$

(6) $D: 0 < a \leq r,\ f = \dfrac{1}{r^2}$

(7) $D: \rho < a,\ 0 \leq z \leq h,\ f = \dfrac{1}{\rho}$

(8) $D: a < \rho,\ 0 \leq z \leq h,\ f = \dfrac{1}{\rho^3}$

◆**4** 対称性に注目して，次の領域 D とスカラー場 f について，D 上の f の体積分を求めよ.

(1) $D: x^2 + y^2 + z^2 \leq a^2,\ f = \sin^3 x$

(2) $D: x^2 + y^2 \leq a^2,\ f = x + y$

(3) $D: -a \leq x \leq a,\ -a \leq y \leq a,\ -a \leq z \leq a,\ f = x + y + z$

第7章

勾　配

本節では，座標平面 $\mathbf{R}^2 = \{(x, y) \mid x, y \in \mathbf{R}\}$ 上のスカラー場・ベクトル場に対する微分演算 grad, div, rot を導入する．まずはベクトル解析の計算法に対するイメージをつかんでもらいたい．この章では勾配を扱う．英語では gradient という．坂道の急さを表すのに，使うので聞いたことがあるだろう．

7.1　2次元の勾配

まずはスカラー場を考える．3章で述べたように，スカラー場の例としては，地図上の各点の標高，天気図での気圧などがあげられる．ここでは，計算法に対する具体的なイメージをつかむために，スカラー場を3次元空間中の曲面の“高さ（標高）”として捉えることにする．xyz 座標系が定められた空間において，xy 平面上の点 (x, y) に対応する曲面の高さ（標高）が $z = h(x, y)$ で表されるものとする（右図）．

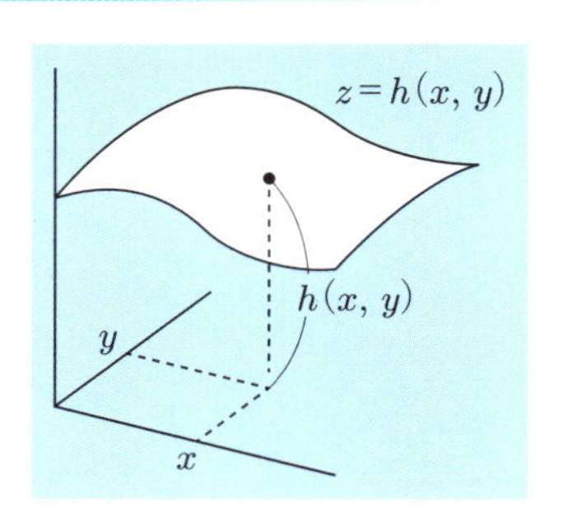

このような曲面の様子をつかむには，地図の場合のように「等高線」を描いてみると分かりやすい．

下図左の曲面において，点 P に球をおいてそっと手を離したらどうなるであろうか．球は斜面の傾きの最もきつい方向（スキーで言うところの「直滑降」の方向）に転がりだすであろう．これは，下図右でいえば，点 P におけ

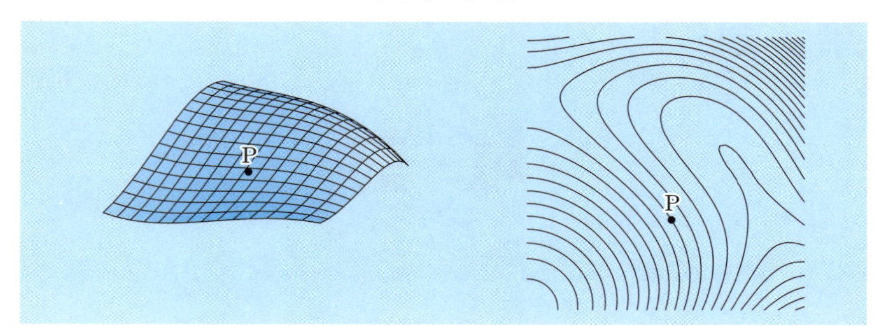

る等高線の垂線の方向である．そこで，$h(x, y)$ が与えられたとき，対応する曲面における等高線に直交する方向を計算するための方法を考えよう．

まず，$\varDelta x$, $\varDelta y$ を微小量として，点 $\mathrm{P}(x, y, h(x, y))$ から少しだけずれた点 $\mathrm{P}'(x+\varDelta x, y+\varDelta y, h(x+\varDelta x, y+\varDelta y))$ を考える．P と P′ とが同じ等高線にのる条件は

$$h(x, y) = h(x+\varDelta x, y+\varDelta y) \tag{7.1}$$

であるが，この右辺に対して一次近似（2 次以降を無視）を用いると，

$$\begin{aligned} h(x+\varDelta x, y+\varDelta y) &\simeq h(x, y) + \frac{\partial h}{\partial x}\varDelta x + \frac{\partial h}{\partial y}\varDelta y \\ &= h(x, y) + (\partial_x h, \partial_y h)\cdot(\varDelta x, \varDelta y) \end{aligned} \tag{7.2}$$

（ただし，ここでは $\partial_x = \dfrac{\partial h}{\partial x}$, $\partial_y h = \dfrac{\partial h}{\partial y}$ という記法を用いた．）よって，(7.1) となる条件は $(\partial_x h, \partial_y h)\cdot(\varDelta x, \varDelta y) = 0$，すなわち，

$$(\partial_x h, \partial_y h) \perp (\varDelta x, \varDelta y) \tag{7.3}$$

であり，等高線に沿った微小移動 $(\varDelta x, \varDelta y)$ はベクトル $(\partial_x h, \partial_y h)$ に垂直ということになる．

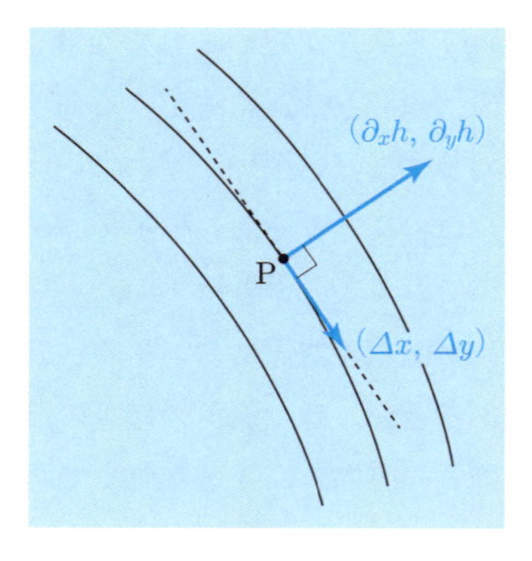

以上の考察の下に，スカラー場 $h(x,y)$ の**勾配** (gradient) grad $h(x,y)$ を次のように定める．

2 次元スカラー場の勾配

$$\operatorname{grad} h(x,y) = \left(\frac{\partial h(x,y)}{\partial x}, \frac{\partial h(x,y)}{\partial y} \right) \tag{7.4}$$

与えられたスカラー場 $h(x,y)$ に対して，$\operatorname{grad} h(x,y)$ はベクトルとなり，$h(x,y)$ の変化が最も激しく，かつ $h(x,y)$ の値が増加する方向（“登り” の方向）を表す．

例題 7.1

次の $f(x,y)$ に対して，$\operatorname{grad} f(x,y)$ を計算せよ．

(1)　$f(x,y) = x^2 + y^2$

(2)　$f(x,y) = \sin(xy)$

解答　(1)　$\operatorname{grad} f(x,y) = (2x, 2y)$

(2)　$\operatorname{grad} f(x,y) = (y\cos(xy), x\cos(xy))$　◆

問　題

7.1　次の $f(x,y)$ に対して，$\operatorname{grad} f(x,y)$ を計算せよ．

(1)　$f(x,y) = \sqrt{ax^2 + by^2}$（$a, b$ は定数）

(2)　$f(x,y) = \dfrac{1}{\sqrt{x^2 + y^2}}$（ただし $(x,y) \neq (0,0)$ とする．）

$\operatorname{grad} f(x,y)$ に (a,b) を代入した $\operatorname{grad} f(a,b)$ は，方向は最大傾斜の方向，大きさは最大傾斜の量となっている．

例題 7.2

xy 平面上の点における標高が $f(x,y)=x^2+xy+y^2$ で与えられるとする．点 $(1,2)$ において，以下を求めよ．

(1) $\mathrm{grad}\, f(1,2)$

(2) 点 $(1,2)$ における傾きの最大値

(3) 点 $(1,2)$ における等高線の接方向の単位ベクトル

解答 (1) $\mathrm{grad}\, f(x,y)=(2x+y, x+2y)$ なので，$\mathrm{grad}\, f(1,2)=(4,5)$.

(2) $|\mathrm{grad}\, f(1,2)|=\sqrt{4^2+5^2}=\sqrt{41}$.

(3) 等高線の接方向は $\mathrm{grad}\, f(1,2)=(4,5)$ と直交するので $\dfrac{\pm 1}{\sqrt{41}}(5,-4)$. ◆

方向を指定するときは，単位化して答えるのがマナーである．最小傾斜の方向は $\mathrm{grad}\, f(a,b)$ の逆向きで，大きさは $-|\mathrm{grad}\, f(a,b)|$ である．また，等高線の向きは $\mathrm{grad}\, f(a,b)$ と直交する方向である．

問 題

7.2 xy 平面上の点における標高が $f(x,y)=x^2-xy+3x-4y+1$ で与えられるとする．原点において，以下を求めよ．

(1) 原点における勾配ベクトル

(2) 傾きの最小になる方向と，その最小値

(3) 等高線の方向

極座標での勾配 3章でみたように，直交座標系 x,y と平面極座標 r,θ との間には $x=r\cos\theta$, $y=r\sin\theta$ という関係があり，微分については

$$\begin{cases}\partial_r=\cos\theta\,\partial_x+\sin\theta\,\partial_y,\\ \partial_\theta=-r\sin\theta\,\partial_x+r\cos\theta\,\partial_y,\end{cases}\qquad \begin{cases}\partial_x=\cos\theta\,\partial_r-\frac{\sin\theta}{r}\partial_\theta,\\ \partial_y=\sin\theta\,\partial_r+\frac{\cos\theta}{r}\partial_\theta\end{cases}$$

であった．また，直交座標系 x,y での基本ベクトル $(\boldsymbol{e}_x,\boldsymbol{e}_y)$ と，平面極座標

r, θ での基本ベクトル $(\boldsymbol{e}_r, \boldsymbol{e}_\theta)$ との間の関係は次のものであった．

$$\begin{cases} \boldsymbol{e}_r = \cos\theta\,\boldsymbol{e}_x + \sin\theta\,\boldsymbol{e}_y, \\ \boldsymbol{e}_\theta = -\sin\theta\,\boldsymbol{e}_x + \cos\theta\,\boldsymbol{e}_y, \end{cases} \qquad \begin{cases} \boldsymbol{e}_x = \cos\theta\,\boldsymbol{e}_r - \sin\theta\,\boldsymbol{e}_\theta, \\ \boldsymbol{e}_y = \sin\theta\,\boldsymbol{e}_r + \cos\theta\,\boldsymbol{e}_\theta \end{cases}$$

よって，平面上にスカラー場 f が与えられているとき，

$$\begin{aligned} \operatorname{grad} f &= (\partial_x f)\,\boldsymbol{e}_x + (\partial_y f)\,\boldsymbol{e}_y \\ &= \left(\cos\theta\,\partial_r f - \frac{\sin\theta}{r}\partial_\theta f\right)(\cos\theta\,\boldsymbol{e}_r - \sin\theta\,\boldsymbol{e}_\theta) \\ &\quad + \left(\sin\theta\,\partial_r f + \frac{\cos\theta}{r}\partial_\theta f\right)(\sin\theta\,\boldsymbol{e}_r + \cos\theta\,\boldsymbol{e}_\theta) \\ &= (\partial_r f)\,\boldsymbol{e}_r + \frac{1}{r}(\partial_\theta f)\,\boldsymbol{e}_\theta \end{aligned} \tag{7.5}$$

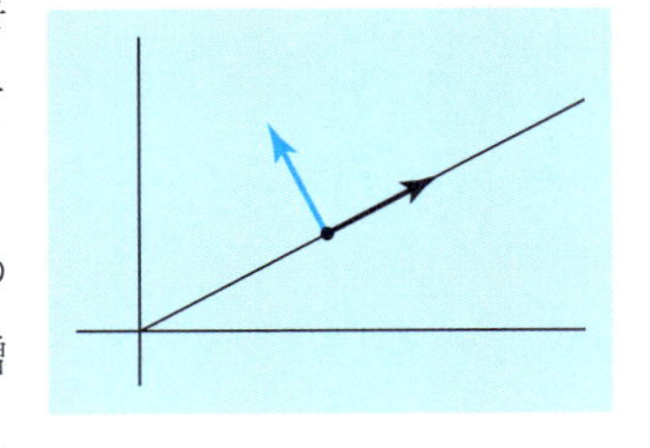

と書き換えられる．なぜこうなるのか，少し考えてみよう．特に第2項に係数 $\frac{1}{r}$ がかかっているのは，なぜだろうか．

grad f の r 成分は，$\boldsymbol{e}_r$ の方向，つまり図の黒い矢印の方向に距離1進むあたりの，f の増分である．r が1増えれば，距離1進むので，$\partial_r f$ がそれにあたる．これが (7.5) の第1項である．

grad f の θ 成分は，$\boldsymbol{e}_\theta$ の方向，つまり図の青い矢印の方向に距離1進むあたりの，f の増分である．だが，θ が1増えると距離は r 進んでしまうので，θ が1増えるあたりの f の増分 $\partial_\theta f$ に，$\frac{1}{r}$ 倍したものが，grad f の θ 成分となる．これが (7.5) の第2項である．

つまり ∂_θ という微分作用素が“1進んだあたりの増分”という意味になっていないので，スケール調整のため $\frac{1}{r}$ がかかっているのである．

例題 7.3

次の 2 次元のスカラー場の勾配を求めよ．

(1) $f = r^2$ (2) $f = \sin\theta$

解答 (1) $\mathrm{grad}\, f = 2r\, \boldsymbol{e}_r$ (2) $\mathrm{grad}\, f = \dfrac{\cos\theta}{r} \boldsymbol{e}_\theta$ ◆

問 題

7.3 次の 2 次元のスカラー場の勾配を求めよ．

(1) $f = r^{-1}$ (2) $f = \tan\theta$

7.2 3次元の勾配

本節では，xyz 座標系が定められた空間で定義されたスカラー場 $f(x, y, z)$ に対して，微分によってその様子を捉えることを考える．基本的な考え方は平面の場合と同じであり，それらがどのように 3 次元空間に拡張されるかを理解してもらいたい．

スカラー場 $f = f(x, y, z)$ に対して，その**勾配** grad f を次のように定義する．

3 次元スカラー場の勾配

$$\mathrm{grad}\, f(x, y, z) = \left(\frac{\partial f(x, y, z)}{\partial x}, \frac{\partial f(x, y, z)}{\partial y}, \frac{\partial f(x, y, z)}{\partial z} \right) \tag{7.6}$$

ある点 (x_0, y_0, z_0) に対して，$C = f(x_0, y_0, z_0)$ と置き，$f(x, y, z) = C$ となる曲面（等高面）を考える．このとき，$\mathrm{grad}\, f(x_0, y_0, z_0)$ は点 (x_0, y_0, z_0) における曲面 $f(x, y, z) = C$ の法線方向を与える．

ここで，**ナブラ演算子** ∇ を

$$\nabla = \left(\frac{\partial}{\partial x}, \frac{\partial}{\partial y}, \frac{\partial}{\partial z} \right) \tag{7.7}$$

で定義する．ここで，例えば第1成分 $\dfrac{\partial}{\partial x}$ は「x で偏微分する」という操作を表していると思えばよい．この記号を用いれば，

$$\operatorname{grad} f = \nabla f \tag{7.8}$$

として表すことができる．平面の場合と同様に，スカラー場 $f(x,y,z)$ に対して，勾配ベクトル $\operatorname{grad} f = \nabla f$ は f の増分が最大である方向を表す．

また，ある点 (x_0,y_0,z_0) における値を $C = f(x,y,z)$ として，点 (x_0,y_0,z_0) の近傍において $f(x,y,z) = C$ で表される曲面（**等位面**）を考えると，点 (x_0,y_0,z_0) における勾配ベクトル $(\operatorname{grad} f)(x_0,y_0,z_0) = (\nabla f)(x_0,y_0,z_0)$ は，その点における等位面の法線方向を与える．

例題 7.4

スカラー場 $f(x,y,z) = x^2y + z\,e^y$ に対して，原点 $(0,0,0)$ における等位面の接平面の方程式を求めよ．

解答 $\operatorname{grad} f(x,y,z) = (2xy, x^2 + ze^y, e^y)$ であるから，$\operatorname{grad} f(0,0,0) = (0,0,1)$ となる．これが求める接平面の法ベクトルで，原点を通るので，方程式は $z = 0$. ◆

問　題

7.4 スカラー場 $f(x,y,z) = \sin x + e^z \cos y$ に対して，原点 $(0,0,0)$ における**等位面**の接平面の方程式を求めよ．

最後に，円柱座標と球座標で勾配を表しておく．3次元空間における円柱座標 (ρ,ϕ,z) の場合は，直交座標 (x,y,z) との関係は $x = \rho\cos\phi$, $y = \rho\sin\phi$, $z = z$ であり，

$$\partial_x = \cos\phi\,\partial_\rho - \frac{\sin\phi}{\rho}\partial_\phi, \quad \partial_y = \sin\phi\,\partial_\rho + \frac{\cos\phi}{\rho}\partial_\phi, \quad \partial_z = \partial_z$$

が成り立つ．また，基本ベクトルについては

$$\boldsymbol{e}_x = \cos\phi\,\boldsymbol{e}_\rho - \sin\phi\,\boldsymbol{e}_\phi, \quad \boldsymbol{e}_y = \sin\phi\,\boldsymbol{e}_\rho + \cos\phi\,\boldsymbol{e}_\phi, \quad \boldsymbol{e}_z = \boldsymbol{e}_z$$

が成り立つのであった．これらにより，前節と同様の計算を行うと，スカラー場 f の勾配に対しては次が得られる．

$$\mathrm{grad}\, f = (\partial_\rho f)\boldsymbol{e}_\rho + \frac{\partial_\phi f}{\rho}\boldsymbol{e}_\phi + (\partial_z f)\boldsymbol{e}_z \tag{7.9}$$

さらに球座標で，勾配を計算する式は次のようになる．

$$\mathrm{grad}\, f = (\partial_r f)\boldsymbol{e}_r + \frac{\partial_\theta f}{r}\boldsymbol{e}_\theta + \frac{\partial_\phi f}{r\sin\theta}\boldsymbol{e}_\phi \tag{7.10}$$

例題 7.5

次の 3 次元スカラー場の勾配を求めよ．

(1) $f = \sin\theta$ (2) $f = \rho^2$

解答 (1) (7.10) を使って，$\mathrm{grad}\, f = \dfrac{\cos\theta}{r}\boldsymbol{e}_\theta$．

(2) (7.9) を使って，$\mathrm{grad}\, f = 2\rho\, \boldsymbol{e}_\rho$． ◆

問 題

7.5 次の 3 次元スカラー場の勾配を求めよ．

(1) $f = r$ (2) $f = \phi$ (3) $f = \rho^2$

演習問題

◆**1** 円柱座標での勾配 (7.9) を示せ．

◆**2** 球座標での勾配 (7.10) を示せ．

◆**3** スカラー場 f, g に対し，

$$\mathrm{grad}\,(f\,g) = (\mathrm{grad}\, f)\, g + f\,(\mathrm{grad}\, g)$$

となることを示せ．

◆**4** **九州大システム情報科学府 情報学専攻**

スカラー場 $\varphi(x, y, z)$, $\psi(x, y, z)$ について以下の式が成り立つことを証明せよ．

$$\nabla\frac{\psi}{\varphi} = \frac{\varphi\nabla\psi - \psi\nabla\varphi}{\varphi^2}$$

第8章

発　散

この章では発散を扱う．英語では divergence という．発散というのは，ある範囲の内側から外側へ出ていくことを意味する．例えば，ストレス発散というのは，体内に溜め込んだストレスを，体外に放出することである．

8.1　2次元の発散

今度は，平面上のベクトル場を考える．3章で述べたように，ベクトル場の例としては，地図上の各点での風向き，川の水の流れなどがあげられる．以下では，ベクトル場 $\boldsymbol{v}$ を（平面上の）水の流れとして考えよう．すなわち，ベクトル $\boldsymbol{v}$ の向きが各点での流れの向きを表し，大きさ $|\boldsymbol{v}|$ が流れの速さを表すものとする．

平面上には xy 座標系が定められているとして，平面上の点 (x,y) において，ベクトル $\boldsymbol{v}(x,y)$ が与えられているものとする．まずは，x 軸方向の単位ベクトル $\boldsymbol{e}_x$，y 軸方向の単位ベクトル $\boldsymbol{e}_y$ が固定されているとして，成分表示

$$\boldsymbol{v}(x,y) = v_x(x,y)\boldsymbol{e}_x + v_y(x,y)\boldsymbol{e}_y = (v_x(x,y), v_y(x,y))$$

を用いて考える．

次図左のような流れの場合には，中心部から水が湧き出していて，次図右のような流れの場合には，中心部に水が吸い込まれていると考えられる．そこで，ベクトル場 $\boldsymbol{v}(x,y)$ が与えられたとき，各点ごとにどの程度の水が湧き出しているかを計算するための方法を考えよう．

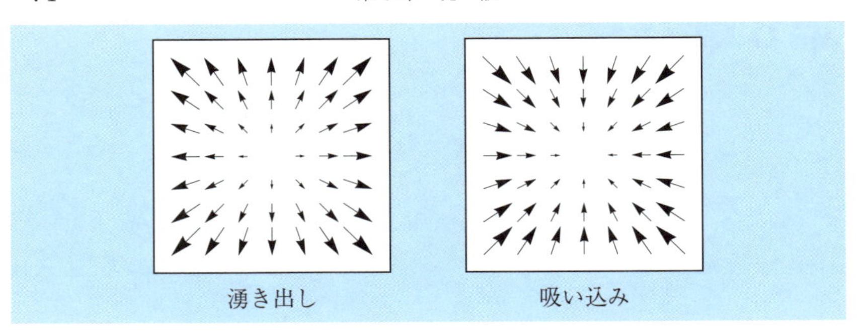

下図のように，点 (x,y) のまわりの長方形 ABCD を考え，長方形領域への水の出入りを調べる．長方形が十分に小さい（すなわち，$|\Delta x|, |\Delta y| \ll 1$）と考えて，各辺での流れを，その中点での流れで近似する．例えば，辺 AB 上の流れの場合は，全て $\boldsymbol{v}(x, y-\Delta y) = (v_x(x, y-\Delta y), v_y(x, y-\Delta y))$ で近似して考える．すると，

$$
\begin{aligned}
\text{辺 AB からの流入量} &\simeq v_y(x, y-\Delta y) \times 2\Delta x, \\
\text{辺 BC からの流出量} &\simeq v_x(x+\Delta x, y) \times 2\Delta y, \\
\text{辺 CD からの流出量} &\simeq v_y(x, y+\Delta y) \times 2\Delta x, \\
\text{辺 DA からの流入量} &\simeq v_x(x-\Delta x, y) \times 2\Delta y
\end{aligned}
$$

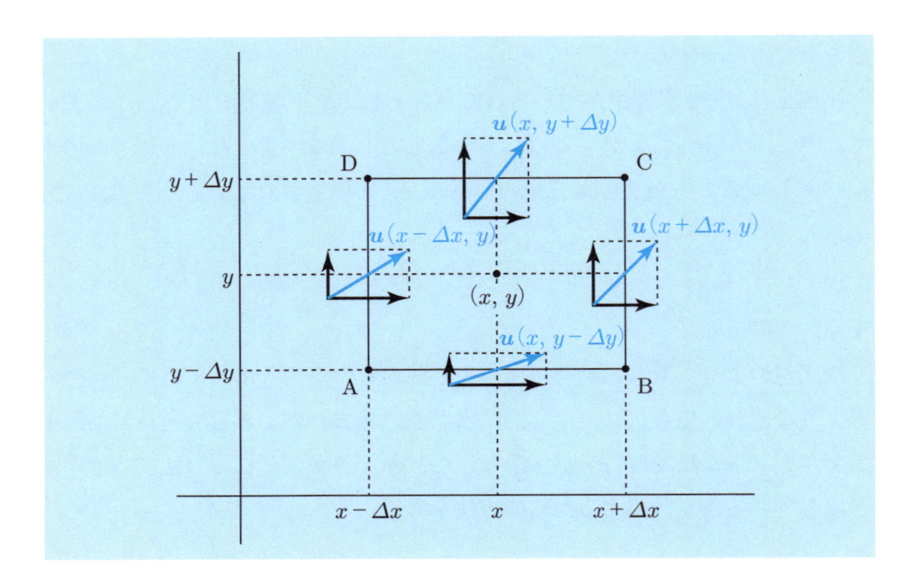

であるので，符号に注意して足し合わせると，

$$\text{単位面積あたりのわき出し} = \frac{\text{長方形 ABCD からの総流出量}}{\text{長方形 ABCD の面積}} \tag{8.1}$$

$$= \frac{1}{4\Delta x\Delta y}\Big\{-v_y(x, y-\Delta y)\times 2\Delta x + v_x(x+\Delta x, y)\times 2\Delta y$$

$$+ v_y(x, y+\Delta y)\times 2\Delta x - v_x(x-\Delta x, y)\times 2\Delta y\Big\}$$

$$= \frac{v_x(x+\Delta x, y) - v_x(x-\Delta x, y)}{2\Delta x} + \frac{v_y(x, y+\Delta y) - v_y(x, y-\Delta y)}{2\Delta y}$$

この量において Δx, $\Delta y \to 0$ としたものを，ベクトル場 $\boldsymbol{v}(x,y)$ の**発散** (divergence) といい，$\operatorname{div}\boldsymbol{v}(x,y)$ と表す．

2 次元ベクトル場の発散

$$\operatorname{div}\boldsymbol{v}(x,y) = \frac{\partial v_x(x,y)}{\partial x} + \frac{\partial v_y(x,y)}{\partial y} \tag{8.2}$$

与えられたベクトル場 $\boldsymbol{v}(x,y)$ に対して，$\operatorname{div}\boldsymbol{v}(x,y)$ はスカラーとなり，点 (x,y) でのわき出し量を表す．

例題 8.1

次のベクトル場の発散を求めよ．

(1)　$\boldsymbol{v}(x,y) = x\,\boldsymbol{e}_x + y\,\boldsymbol{e}_y$　　(2)　$\boldsymbol{v}(x,y) = -y\,\boldsymbol{e}_x + x\,\boldsymbol{e}_y$

解答　(1)　$\operatorname{div}\boldsymbol{v} = \partial_x(x) + \partial_y(y) = 2$　　(2)　$\operatorname{div}\boldsymbol{v} = \partial_x(-y) + \partial_y(x) = 0$

問　題

8.1　次のベクトル場の発散を求めよ．(ただし $(x,y) \neq (0,0)$ とする．)

(1)　$\boldsymbol{v}(x,y) = \dfrac{x}{\sqrt{x^2+y^2}}\boldsymbol{e}_x + \dfrac{y}{\sqrt{x^2+y^2}}\boldsymbol{e}_y$

(2)　$\boldsymbol{v}(x,y) = -\dfrac{y}{\sqrt{x^2+y^2}}\boldsymbol{e}_x + \dfrac{x}{\sqrt{x^2+y^2}}\boldsymbol{e}_y$

参考　(8.1) と (8.2) との比較から分かるように，平面上のベクトル場 $\boldsymbol{v}$ に対して，$\operatorname{div}\boldsymbol{v}$ は次のように表される．

$$\operatorname{div}\boldsymbol{v} = \lim_{\text{領域の体積}\to 0}\frac{\text{領域からの総流出量}}{\text{領域の面積}} \tag{8.3}$$

問　題

8.2　2次元のスカラー場 $f(x,y)$ に対し，

$$\mathrm{div}\,\mathrm{grad}\, f = \nabla^2 f \tag{8.4}$$

が成り立つことを示せ．

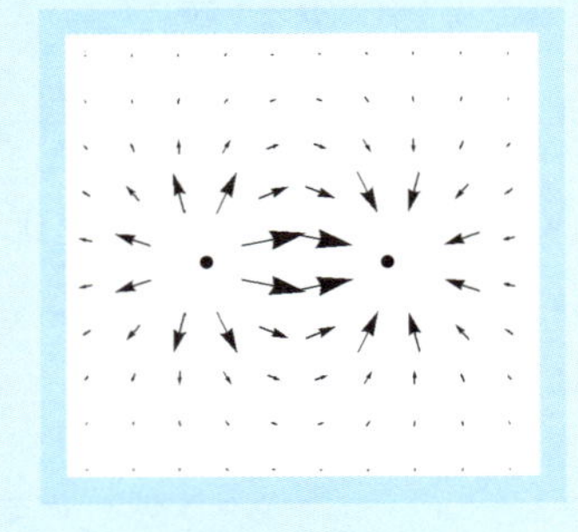

補足　スカラー場 f を標高に見立てて，ラプラシアン $\nabla^2 f$ の物理的意味を理解しよう．勾配ベクトル $\mathrm{grad}\, f$ は低いところから高いところに向かうベクトルである．それがある点から湧き出しているということは，上りの方向が多いということになる．周りに比べて低いところ，つまり盆地のようなところで $\nabla^2 f > 0$ となる．逆に周りに比べて高いところ，つまり山の頂上のようなところでは，勾配ベクトルがたくさん集まってくる傾向が強く，吸い込んでいるので，$\nabla^2 f < 0$ となる，つまり $\nabla^2 f$ は周りに比べて低い度合いということになる．

極座標表示　最後に $\mathrm{div}\,\boldsymbol{v}$ を極座標を用いて表してみよう．平面上のベクトル場 $\boldsymbol{v}$ が

$$\boldsymbol{v} = v_x\,\boldsymbol{e}_x + v_y\,\boldsymbol{e}_y = v_r\,\boldsymbol{e}_r + v_\theta\,\boldsymbol{e}_\theta$$

という形で与えられているとき，それぞれの成分の関係は

$$v_x = \cos\theta\, v_r - \sin\theta\, v_\theta, \quad v_y = \sin\theta\, v_r + \cos\theta\, v_\theta$$

である．よって，

$$\begin{aligned}
\mathrm{div}\,\boldsymbol{v} &= \partial_x v_x + \partial_y v_y \\
&= \left(\cos\theta\,\partial_r - \frac{\sin\theta}{r}\partial_\theta\right)(\cos\theta\, v_r - \sin\theta\, v_\theta) \\
&\quad + \left(\sin\theta\,\partial_r + \frac{\cos\theta}{r}\partial_\theta\right)(\sin\theta\, v_r + \cos\theta\, v_\theta)
\end{aligned}$$

であり，例えば $\partial_\theta(\cos\theta\, v_r) = -\sin\theta\, v_r + \cos\theta\,(\partial_\theta\, v_r)$ などを用いて計算すれば次が得られる．

$$\mathrm{div}\,\boldsymbol{v} = (\partial_r v_r) + \frac{1}{r}v_r + \frac{1}{r}(\partial_\theta v_\theta) \quad (8.5)$$

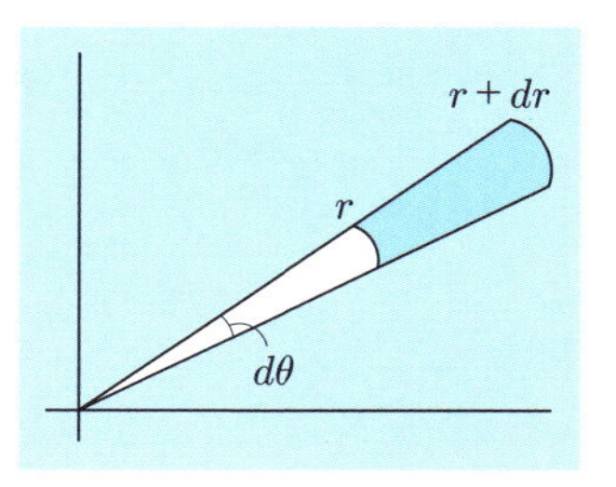

なぜこうなるのか，図を使って理解しよう．特に微分しない第 2 項が出て来るのが不思議に感じる人も多いだろう．

図のような $r \sim r+dr$, $\theta \sim \theta+d\theta$ と表される領域を考える．流れ $\boldsymbol{v}$ によってここから出ていく流れを調べる．右上からは $(r+dr)d\theta\, v_r(r+dr,\theta)$ が出ていき，左下からは $r\,d\theta\, v_r(r,\theta)$ が入ってくる．この 2 つから出ていく量は $(r+dr)d\theta\, v_r(r+dr,\theta) - r\,d\theta\, v_r(r,\theta) = r\,d\theta dr \partial_r v_r + drd\theta\, v_r(r+dr,\theta)$ となる．これを領域の面積 $r\,drd\theta$ で割ると，$\partial_r v_r + \frac{1}{r}v_r(r+dr,\theta)$ となり，$dr \to 0$ で $\partial_r v_r + \frac{1}{r}v_r$ となる．これが (8.5) の第 1 項と第 2 項である．この第 1 項 $\partial_r v_r$ は右上の線と左下の線の位置の違いに起因する量である．第 2 項 $\frac{1}{r}v_r$ は右上の線の長さが，左下の線の長さより長いことに起因する量である．これが微分が出てこない項が登場する原因である．

左上からは，$dr\,v_\theta(r,\theta+d\theta)$ が出ていき，右下からは，$dr\,v_\theta(r,\theta)$ が入ってくる．この 2 つから出ていく量は $dr\,v_\theta(r,\theta+d\theta) - dr\,v_\theta(r,\theta) = drd\theta\,\partial_\theta v_\theta$ となる．これを領域の面積 $r\,drd\theta$ で割ると，$\frac{1}{r}\partial_\theta v_\theta$ となり，これが (8.5) の第 3 項である．

例題 8.2

次のベクトル場の発散を求めよ．

(1)　$\boldsymbol{v} = \frac{1}{r}\boldsymbol{e}_r$　　(2)　$\boldsymbol{v} = f(r)\boldsymbol{e}_\theta$

解答　(1)　$v_r = \frac{1}{r}$, $v_\theta = 0$ を (8.5) に代入して $\mathrm{div}\,\boldsymbol{v} = -r^{-2} + r^{-2} = 0$

(2)　$v_r = 0$, $v_\theta = f(r)$ を (8.5) に代入して $\mathrm{div}\,\boldsymbol{v} = \partial_\theta f(r) = 0$ ◆

問　題

8.3　次のベクトル場の発散を求めよ．

(1)　$\boldsymbol{v} = \sin\theta\,\boldsymbol{e}_\theta$　　(2)　$\boldsymbol{v} = f(\theta)\,\boldsymbol{e}_r$

例題 8.3

公式 (8.4)(p.76)，極座標での勾配 (p.69)，極座標での発散 (p.77) を用いて，スカラー場 f に対して，次のことを示せ．

$$\nabla^2 f = \partial_r^2 f + \frac{\partial_r f}{r} + \frac{\partial_\theta^2 f}{r^2} \tag{8.6}$$

解答

$$\nabla^2 f \underset{\text{p.76}}{=} \operatorname{div}\operatorname{grad} f \underset{\text{p.69}}{=} \operatorname{div}\left(\underbrace{(\partial_r f)}_{v_r}\boldsymbol{e}_r + \underbrace{\frac{\partial_\theta f}{r}}_{v_\theta}\boldsymbol{e}_\theta\right)$$

$$\underset{\text{p.77}}{=} \partial_r(\partial_r f) + \frac{1}{r}(\partial_r f) + \frac{1}{r}\partial_\theta\left(\frac{\partial_\theta f}{r}\right)$$

$$= \partial_r^2 f + \frac{\partial_r f}{r} + \frac{\partial_\theta^2 f}{r^2}$$

◆

問 題

8.4 スカラー場 $f(r)$ が調和関数になるような $f(r)$ の一般形は $f(r) = a\log r + b$ (a, b は定数) となることを示せ．

8.2 3次元の発散

xyz 座標系が定められた空間において，各座標軸方向の単位ベクトル $\boldsymbol{e}_x$, $\boldsymbol{e}_y$, $\boldsymbol{e}_z$ が固定されているものとして，ベクトル場 $\boldsymbol{v}(x, y, z)$ の成分表示

$$\begin{aligned}\boldsymbol{v}(x, y, z) &= v_x(x, y, z)\boldsymbol{e}_x + v_y(x, y, z)\boldsymbol{e}_y + v_z(x, y, z)\boldsymbol{e}_z \\ &= (v_x(x, y, z), v_y(x, y, z), v_z(x, y, z))\end{aligned} \tag{8.7}$$

を用いて考える．このベクトル場 $\boldsymbol{v}(x, y, z)$ に対して，(8.3) と同様に，**発散** $\operatorname{div}\boldsymbol{v}$ を次で定義する．

$$\operatorname{div}\boldsymbol{v} = \lim_{\text{領域}\to 0} \frac{\text{領域からの総流出量}}{\text{領域の体積}} \tag{8.8}$$

より具体的な表式を得るために，点 (x, y, z) のまわりに次のように8点を定め，それらを結んでできる直方体領域を考える（下図）．

$$
\begin{aligned}
&\mathrm{P}_1(x-\Delta x, y-\Delta y, z-\Delta z), \quad \mathrm{P}_2(x+\Delta x, y-\Delta y, z-\Delta z),\\
&\mathrm{P}_3(x+\Delta x, y+\Delta y, z-\Delta z), \quad \mathrm{P}_4(x-\Delta x, y+\Delta y, z-\Delta z),\\
&\mathrm{P}_5(x-\Delta x, y-\Delta y, z+\Delta z), \quad \mathrm{P}_6(x+\Delta x, y-\Delta y, z+\Delta z),\\
&\mathrm{P}_7(x+\Delta x, y+\Delta y, z+\Delta z), \quad \mathrm{P}_8(x-\Delta x, y+\Delta y, z+\Delta z)
\end{aligned}
$$

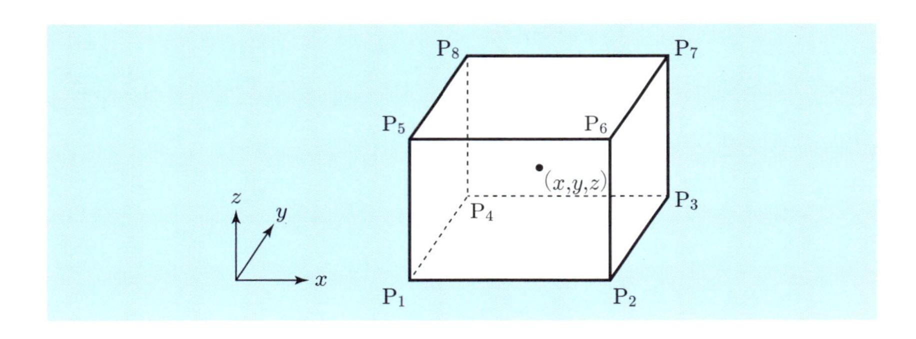

8.1節と同様に，それぞれの面を通過する流れをその中点での流れで近似することにすれば，

$$
\begin{aligned}
&\text{面 } \mathrm{P}_1\mathrm{P}_2\mathrm{P}_3\mathrm{P}_4 \text{からの流入量} \simeq v_z(x, y, z-\Delta z) \times (\mathrm{P}_1\mathrm{P}_2\mathrm{P}_3\mathrm{P}_4\text{の面積}),\\
&\text{面 } \mathrm{P}_5\mathrm{P}_6\mathrm{P}_7\mathrm{P}_8 \text{からの流出量} \simeq v_z(x, y, z+\Delta z) \times (\mathrm{P}_5\mathrm{P}_6\mathrm{P}_7\mathrm{P}_8\text{の面積}),\\
&\text{面 } \mathrm{P}_1\mathrm{P}_2\mathrm{P}_6\mathrm{P}_5 \text{からの流入量} \simeq v_y(x, y-\Delta y, z) \times (\mathrm{P}_1\mathrm{P}_2\mathrm{P}_6\mathrm{P}_5\text{の面積}),\\
&\text{面 } \mathrm{P}_4\mathrm{P}_3\mathrm{P}_7\mathrm{P}_8 \text{からの流出量} \simeq v_y(x, y+\Delta y, z) \times (\mathrm{P}_5\mathrm{P}_4\mathrm{P}_3\mathrm{P}_8\text{の面積}),\\
&\text{面 } \mathrm{P}_1\mathrm{P}_4\mathrm{P}_8\mathrm{P}_5 \text{からの流入量} \simeq v_x(x-\Delta x, y, z) \times (\mathrm{P}_1\mathrm{P}_4\mathrm{P}_8\mathrm{P}_5\text{の面積}),\\
&\text{面 } \mathrm{P}_2\mathrm{P}_3\mathrm{P}_7\mathrm{P}_6 \text{からの流出量} \simeq v_x(x+\Delta x, y, z) \times (\mathrm{P}_2\mathrm{P}_3\mathrm{P}_7\mathrm{P}_6\text{の面積})
\end{aligned}
$$

と考えられる．符号に注意してこれらを用いると，

$$
\begin{aligned}
&\frac{\text{直方体領域からの総流出量}}{\text{直方体領域の体積}}\\
&= \frac{v_x(x+\Delta x, y, z) - v_x(x-\Delta x, y, z)}{2\Delta x}
\end{aligned}
$$

$$+\frac{v_y(x,y+\Delta y,z)-v_y(x,y-\Delta y,z)}{2\Delta y}$$
$$+\frac{v_z(x,y,z+\Delta z)-v_z(x,y,z-\Delta z)}{2\Delta z} \tag{8.9}$$

$\Delta x,\ \Delta y,\ \Delta z \to 0$ という極限をとれば，次が得られる．

3次元ベクトル場の発散

$$\mathrm{div}\,\boldsymbol{v}(x,y,z)=\frac{\partial v_x(x,y,z)}{\partial x}+\frac{\partial v_y(x,y,z)}{\partial y}+\frac{\partial v_z(x,y,z)}{\partial z} \tag{8.10}$$

(7.7) の ∇ を用いれば，

$$\begin{aligned}\mathrm{div}\,\boldsymbol{v}&=\nabla\cdot\boldsymbol{v} \qquad (8.11)\\&=\left(\frac{\partial}{\partial y},\frac{\partial}{\partial x},\frac{\partial}{\partial z}\right)\cdot(v_x(x,y,z),v_y(x,y,z),v_z(x,y,z))\end{aligned}$$

と表される．

例題 8.4

次のベクトル場の発散を求めよ．

(1) $\boldsymbol{v}=x\,\boldsymbol{e}_x+y\,\boldsymbol{e}_y+z\,\boldsymbol{e}_z$

(2) $\boldsymbol{v}=\dfrac{x}{x^2+y^2+z^2}\boldsymbol{e}_x+\dfrac{y}{x^2+y^2+z^2}\boldsymbol{e}_y+\dfrac{z}{x^2+y^2+z^2}\boldsymbol{e}_z$

解答 (1) $\mathrm{div}\,\boldsymbol{v}=\partial_x(x)+\partial_y(y)+\partial_z(z)=3$

(2)
$$\begin{aligned}\mathrm{div}\,\boldsymbol{v}&=\partial_x\left(\frac{x}{x^2+y^2+z^2}\right)+\partial_y\left(\frac{y}{x^2+y^2+z^2}\right)+\partial_z\left(\frac{z}{x^2+y^2+z^2}\right)\\&=\frac{1}{x^2+y^2+z^2}-\frac{x\,2x}{(x^2+y^2+z^2)^2}+\frac{1}{x^2+y^2+z^2}\\&\quad-\frac{y\,2y}{(x^2+y^2+z^2)^2}+\frac{1}{x^2+y^2+z^2}-\frac{z\,2z}{(x^2+y^2+z^2)^2}\\&=\frac{3}{x^2+y^2+z^2}-\frac{2(x^2+y^2+z^2)}{(x^2+y^2+z^2)^2}=\frac{1}{x^2+y^2+z^2}\end{aligned}$$

◆

問　題

8.5　次のベクトル場の発散を求めよ．

(1)　$\boldsymbol{v}(x,y,z) = x^2y\,\boldsymbol{e}_x + y^2z\,\boldsymbol{e}_y + z^2x\,\boldsymbol{e}_z$

(2)　$\boldsymbol{v}(x,y,z) = yz\,\boldsymbol{e}_x + zx\,\boldsymbol{e}_y + xy\,\boldsymbol{e}_z$

8.6　3次元のスカラー場 $f(x,y)$ に対し，

$$\mathrm{div}\,\mathrm{grad}\,f = \nabla^2 f \tag{8.12}$$

が成り立つことを示せ．

円柱座標表示と球座標表示　最後に $\mathrm{div}\,\boldsymbol{v}$ を円柱座標と球座標を用いて表してみよう．ベクトル場 $\boldsymbol{v}$ に対しては

$$\begin{aligned}\boldsymbol{v} &= v_x\,\boldsymbol{e}_x + v_y\,\boldsymbol{e}_y + v_z\,\boldsymbol{e}_z \\ &= v_\rho\,\boldsymbol{e}_\rho + v_\phi\,\boldsymbol{e}_\phi + v_z\,\boldsymbol{e}_z\end{aligned}$$

より

$$v_x = \cos\phi\,v_\rho - \sin\phi\,v_\phi, \quad v_y = \sin\phi\,v_\rho + \cos\phi\,v_\phi, \quad v_z = v_z$$

であるので，

$$\begin{aligned}\mathrm{div}\,\boldsymbol{v} &= \partial_x v_x + \partial_y v_y + \partial_z v_z = \cdots \\ &= \partial_\rho v_\rho + \frac{v_\rho}{\rho} + \frac{1}{\rho}\partial_\rho v_\rho + \partial_z v_z\end{aligned} \tag{8.13}$$

が得られる．また球座標に関しては

$$\mathrm{div}\,\boldsymbol{v} = \frac{\partial_r(r^2 v_r)}{r^2} + \frac{\partial_\theta(\sin\theta\,v_\theta)}{r\sin\theta} + \frac{\partial_\phi v_\phi}{r\sin\theta} \tag{8.14}$$

となる．

例題 8.5

次の3次元ベクトル場の発散を求めよ.

(1) $\boldsymbol{v} = \dfrac{1}{r}\boldsymbol{e}_r$ (2) $\boldsymbol{v} = \rho\,\boldsymbol{e}_\rho$

解答 (1) $v_r = \frac{1}{r}$, $v_\theta = v_\phi = 0$ を (8.14) に代入して,

$$\operatorname{div}\boldsymbol{v} = \frac{1}{r^2}\partial_r(r) = \frac{1}{r^2}$$

これは, 例題 8.4 の (2) と同じものであった.

(2) $v_\rho = \rho$, $v_\phi = v_z = 0$ を (8.13) に代入して,

$$\operatorname{div}\boldsymbol{v} = \partial_\phi(\rho) + \frac{\rho}{\rho} = 2$$

問 題

8.7 次の3次元ベクトル場の発散を求めよ.

(1) $\boldsymbol{v} = r\,\boldsymbol{e}_r$ (2) $\boldsymbol{v} = \frac{1}{\rho}\,\boldsymbol{e}_\rho$

8.8 問題 8.6 を利用して,

$$\nabla^2 f = \frac{1}{r^2}\partial_r\left(r^2\,\partial_r f\right) + \frac{1}{r^2\sin\theta}\partial_\theta\left(\sin\theta\,\partial_\theta f\right) + \frac{1}{r^2\sin^2\theta}(\partial_\phi^2 f) \tag{8.15}$$

となることを示せ.

8.9 問題 8.6 を利用して,

$$\nabla^2 f = \frac{1}{\rho}\partial_\rho\left(\rho\partial_\rho f\right) + \frac{1}{\rho^2}(\partial_\phi^2 f) + (\partial_z^2 f) \tag{8.16}$$

となることを示せ.

演習問題

◆**1**　2次元のスカラー場 f とベクトル場 $\boldsymbol{v}$ に対し,

$$\mathrm{div}\,(f\boldsymbol{v}) = (\mathrm{grad}\,f)\cdot\boldsymbol{v} + f\,(\mathrm{div}\,\boldsymbol{v})$$

が成り立つことを示せ.（これは3次元でも成り立つ.）

◆**2**　(8.13) を示せ.

◆**3**　(8.14) を示せ.

◆**4**　ベクトル場 $\boldsymbol{v} = f(r)\boldsymbol{e}_r$ の発散が0になるための f の条件を求めよ.

◆**5**　2次元ベクトル場 $\boldsymbol{v} = f(\rho)\boldsymbol{e}_\rho$ の発散が0になるための $f(\rho)$ の一般形を求めよ.

◆**6**　3次元ベクトル場 $\boldsymbol{v} = f(\rho)\boldsymbol{e}_\rho$ の発散が0になるための f の条件を求めよ.

◆**7**　3次元スカラー場 $f(r)$ が調和関数になる一般形を求めよ.

◆**8**　3次元スカラー場 $f(\rho)$ が調和関数になる一般形を求めよ.

◆**9**　**山形大 電気電子工学専攻**

ベクトル場 $\boldsymbol{B} = x^4z\,\boldsymbol{e}_x + y^3z\,\boldsymbol{e}_y - xyz^3\,\boldsymbol{e}_z$ について $\mathrm{div}\,\boldsymbol{B}$ を求めよ.

◆**10**　**東北大 応用物理学専攻**（記号をテキストに合わせて変更）

関数 ϕ が次のように定義されている. 以下の設問に答えよ.

$$\phi = \frac{m\boldsymbol{r}\cdot\boldsymbol{e}_z}{r^3}$$

ただし, m は定数, $\boldsymbol{r} = (x, y, z)$ は原点を除く空間の任意の位置を示すベクトル, $r = \sqrt{x^2+y^2+z^2}$ であり, $\boldsymbol{e}_z = (0, 0, 1)$ は z 方向の単位ベクトルである.

(1)　$\boldsymbol{B} = -\mathrm{grad}\,\phi$

(2)　$\mathrm{div}\,\boldsymbol{B}$ を求めよ.

第9章

回　転

この章では回転を扱う．英語では rotation という．回るとか回転する，というと自転と公転のどちらを表すか不明瞭であるが，ここでは自転の意味である．

9.1　2次元の回転

今度は，p.74 の下図において長方形 ABCD の各辺に沿って回転する流れを調べよう．前節と同様に，各辺での流れをその中点での流れで近似すると，

$$
\begin{aligned}
&\text{A}\to\text{B}\ \text{に沿った流れを足し合わせたもの} && \simeq\ v_x(x, y-\Delta y)\times 2\Delta x,\\
&\text{B}\to\text{C}\qquad\qquad〃 && \simeq\ v_y(x+\Delta x, y)\times 2\Delta y,\\
&\text{C}\to\text{D}\qquad\qquad〃 && \simeq\ -v_x(x, y+\Delta y)\times 2\Delta x,\\
&\text{D}\to\text{A}\qquad\qquad〃 && \simeq\ -v_y(x-\Delta x, y)\times 2\Delta y
\end{aligned}
$$

であるので，

$$
\begin{aligned}
&\frac{\text{A}\to\text{B}\to\text{C}\to\text{D}\to\text{A}}{\text{長方形 ABCD の面積}}\\
&\quad = \frac{1}{4\Delta x\Delta y}\Big\{v_x(x, y-\Delta y)\times 2\Delta x + v_y(x+\Delta x, y)\times 2\Delta y\\
&\qquad\qquad - v_x(x, y+\Delta y)\times 2\Delta x - v_y(x-\Delta x, y)\times 2\Delta y\Big\}\\
&\quad = \frac{v_y(x+\Delta x, y)-v_y(x-\Delta x, y)}{2\Delta x} - \frac{v_x(x, y+\Delta y)-v_x(x, y-\Delta y)}{2\Delta y}
\end{aligned}
$$

この量において $\Delta x,\ \Delta y\to 0$ としたものを，ベクトル場 $\boldsymbol{v}(x, y)$ の**回転** (rotation) といい，$\mathrm{rot}\,\boldsymbol{v}(x, y)$ と表す．

2次元ベクトル場の回転

$$\mathrm{rot}\,\boldsymbol{v}(x,y) = \frac{\partial v_y(x,y)}{\partial x} - \frac{\partial v_x(x,y)}{\partial y} \tag{9.1}$$

与えられたベクトル場 $\boldsymbol{v}(x,y)$ に対して，$\mathrm{rot}\,\boldsymbol{v}(x,y)$ は点 (x,y) まわりでの渦の強さを表す．

例題 9.1

次のベクトル場の回転を求めよ．

(1)　$\boldsymbol{v}(x,y) = x\,\boldsymbol{e}_x + y\,\boldsymbol{e}_y$

(2)　$\boldsymbol{v}(x,y) = \dfrac{x}{\sqrt{x^2+y^2}}\boldsymbol{e}_x + \dfrac{y}{\sqrt{x^2+y^2}}\boldsymbol{e}_y$（ただし $(x,y) \neq (0,0)$ とする.）

解答　(1)　$\mathrm{rot}\,\boldsymbol{v} = \partial_x(y) - \partial_y(x) = 0$

(2)

$$\mathrm{rot}\,\boldsymbol{v} = \partial_x\left(\frac{y}{\sqrt{x^2+y^2}}\right) - \partial_y\left(\frac{x}{\sqrt{x^2+y^2}}\right)$$

$$= -\frac{yx}{(\sqrt{x^2+y^2})^3} + \frac{xy}{(\sqrt{x^2+y^2})^3} = 0$$

◆

問　題

9.1　次のベクトル場の回転を求めよ．

(1)　$\boldsymbol{v}(x,y) = -y\,\boldsymbol{e}_x + x\,\boldsymbol{e}_y$

(2)　$\boldsymbol{v}(x,y) = -\dfrac{y}{\sqrt{x^2+y^2}}\boldsymbol{e}_x + \dfrac{x}{\sqrt{x^2+y^2}}\boldsymbol{e}_y$（ただし $(x,y) \neq (0,0)$ とする.）

xy 平面上のスカラー場 $f(x,y)$ に対する勾配，ベクトル場 $\boldsymbol{v}(x,y) = v_x(x,y)\,\boldsymbol{e}_x + v_y(x,y)\,\boldsymbol{e}_y = (v_x(x,y), v_y(x,y))$ に対する発散と回転をまとめておこう．

2 次元の勾配，発散，回転

$$\operatorname{grad} f(x,y) = \frac{\partial f(x,y)}{\partial x}\boldsymbol{e}_x + \frac{\partial f(x,y)}{\partial y}\boldsymbol{e}_y = \left(\frac{\partial f(x,y)}{\partial x}, \frac{\partial f(x,y)}{\partial y}\right),$$

$$\operatorname{div} \boldsymbol{v}(x,y) = \frac{\partial v_x(x,y)}{\partial x} + \frac{\partial v_y(x,y)}{\partial y},$$

$$\operatorname{rot} \boldsymbol{v}(x,y) = \frac{\partial v_y(x,y)}{\partial x} - \frac{\partial v_x(x,y)}{\partial y}$$

例題 9.2

xy 平面上の任意のスカラー場 $f(x,y)$ が C^2 級であるとすると，$\operatorname{rot}(\operatorname{grad} f(x,y)) = 0$ が常に成り立つことを示せ．

解答 左辺 $= \operatorname{rot}(\partial_x f, \partial_y f) = \partial_x\partial_y f - \partial_y\partial_x f = 0$

C^2 級であれば偏微分作用素は可換であることを使った． ◆

問　題

9.2 xy 平面上の任意のスカラー場 $f(x,y)$ が C^2 級であるとすると，$\operatorname{div}(\operatorname{grad} f(x,y)) = \nabla^2 f(x,y)$ が常に成り立つことを示せ．

極座標表示 最後に極座標を使って回転を表してみよう．

$$\operatorname{rot} \boldsymbol{v} = \partial_x v_y - \partial_y v_x = \cdots = (\partial_r v_\theta) - \frac{1}{r}(\partial_\theta v_r) + \frac{1}{r}v_\theta \qquad (9.2)$$

問　題

9.3 (9.2) を証明せよ．

(9.2) を図を使って理解しよう．図のような $r \sim r+dr$, $\theta \sim \theta + d\theta$ と表される領域を考える．流れ $\boldsymbol{v}$ によって，この領域の周囲の 4 つの線での左回りの渦を考える．

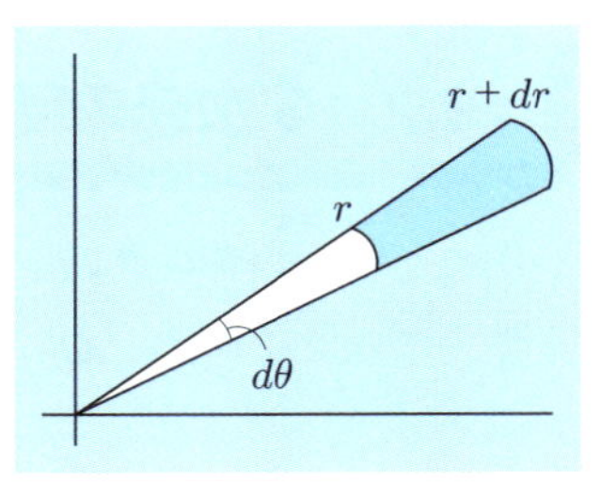

右上の線では左回りに $(r+dr)d\theta\, v_\theta(r+dr,\theta)$ の渦ができ，左下の線では右回りに $r\, d\theta\, v_\theta(r,\theta)$ の渦ができる．この 2 つの線では，左回りに

$$(r+dr)d\theta\, v_\theta(r+dr,\theta) - r\, d\theta\, v_\theta(r,\theta) = drd\theta\, v_\theta(r,\theta) + r\, drd\theta\partial_r v_\theta$$

の渦ができ，これを領域の面積 $r\, drd\theta$ で割ると，$\frac{1}{r}v_\theta + \partial_r v_\theta$ となる．これが (9.2) の一部である．

左上の線では右回りに $v_r(r,\theta+d\theta)\, dr$ の渦ができ，右下の線では左回りに $v_r(r,\theta)\, dr$ の渦ができる．この 2 つの線では，左回りに

$$-v_r(r,\theta+d\theta)\, dr + v_r(r,\theta)\, dr = -\partial_\theta v_r\, drd\theta$$

の渦ができ，これを領域の面積 $r\, drd\theta$ で割ると，$-\frac{1}{r}\partial_\theta v_r$ となり，これが (9.2) の残りの一部である．

例題 9.3

次の 2 次元ベクトル場の回転を求めよ．

(1)　$\boldsymbol{v} = r\, \boldsymbol{e}_r$　　(2)　$\boldsymbol{v} = \boldsymbol{e}_r$

解答　(1)　$v_r = r$, $v_\theta = 0$ を (9.2) へ代入して，$\mathrm{rot}\, \boldsymbol{v} = 0$.

(2)　$v_r = 1$, $v_\theta = 0$ を (9.2) へ代入して，$\mathrm{rot}\, \boldsymbol{v} = 0$. ◆

実は，この例題は例題 9.1 と同じものである．(2) は公式 (9.2) を使うことで，簡単な計算になることが分かる．

問　題

9.4　次の 2 次元ベクトル場の回転を求めよ．

(1)　$\boldsymbol{v} = \boldsymbol{e}_\theta$　　(2)　$\boldsymbol{v} = r\, \boldsymbol{e}_\theta$

9.2　3次元の回転

次に，領域の境界面に沿った流れを考える．p.79 の図の 8 点 P_1〜P_8 に加えて，さらに 4 点 Q_1, Q_2, Q_3, Q_4 を次のように定める．

$$\mathrm{Q}_1(x-\Delta x, y-\Delta y, z),\ \ \mathrm{Q}_2(x+\Delta x, y-\Delta y, z),$$
$$\mathrm{Q}_3(x+\Delta x, y+\Delta y, z),\ \ \mathrm{Q}_4(x-\Delta x, y+\Delta y, z)$$

こうしてできる長方形 $Q_1Q_2Q_3Q_4$ に沿った流れを考えよう．

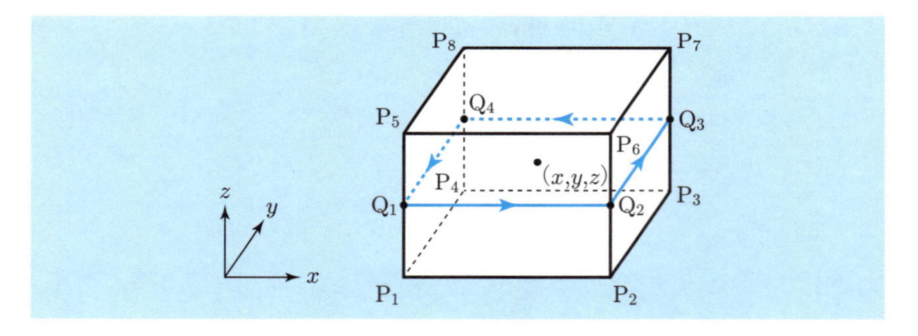

8.1 節と同様の議論により，

$$\frac{\mathrm{Q}_1 \to \mathrm{Q}_2 \to \mathrm{Q}_3 \to \mathrm{Q}_4 \to \mathrm{Q}_1}{\text{長方形}\,\mathrm{Q}_1\mathrm{Q}_2\mathrm{Q}_3\mathrm{Q}_4\text{の面積}}$$
$$= \frac{v_y(x+\Delta x, y, z) - v_y(x-\Delta x, y, z)}{2\Delta x} - \frac{v_x(x, y+\Delta y, z) - v_x(x, y-\Delta y, z)}{2\Delta y}$$

が得られる．よって，

$$\lim_{\Delta x, \Delta y \to 0} \frac{\mathrm{Q}_1\mathrm{Q}_2\mathrm{Q}_3\mathrm{Q}_4\text{に沿った流れ}}{\mathrm{Q}_1\mathrm{Q}_2\mathrm{Q}_3\mathrm{Q}_4\text{の面積}} = \frac{\partial v_y}{\partial x} - \frac{\partial v_x}{\partial y}$$

が得られる．この量は z 軸方向のまわりの回転の強さを表すと考えられる．同様の考察により，

$$x\text{ 軸方向のまわりの回転の強さ} = \frac{\partial v_z}{\partial y} - \frac{\partial v_y}{\partial z},$$

$$y\text{ 軸方向のまわりの回転の強さ} = \frac{\partial v_x}{\partial z} - \frac{\partial v_z}{\partial x}$$

が得られる．これらを合わせて，**回転** $\mathrm{rot}\,\boldsymbol{v}(x, y, z)$ を次のように定義する．

3次元ベクトル場の回転

$$\mathrm{rot}\,\boldsymbol{v}(x, y, z) = \left(\frac{\partial v_z}{\partial y} - \frac{\partial v_y}{\partial z}, \frac{\partial v_x}{\partial z} - \frac{\partial v_z}{\partial x}, \frac{\partial v_y}{\partial x} - \frac{\partial v_x}{\partial y}\right) \tag{9.3}$$

(7.7) の ∇ を用いれば，

$$\mathrm{rot}\,\boldsymbol{v} = \nabla \times \boldsymbol{v} = \begin{bmatrix} \dfrac{\partial}{\partial x} \\ \dfrac{\partial}{\partial y} \\ \dfrac{\partial}{\partial z} \end{bmatrix} \times \begin{bmatrix} u_1(x, y, z) \\ u_2(x, y, z) \\ u_3(x, y, z) \end{bmatrix} \tag{9.4}$$

と表される．

空間内のスカラー場，ベクトル場に対して導入した微分演算についてまとめておこう．

3次元の勾配，発散，回転

勾配 grad	スカラー場 $f(\boldsymbol{r}) \xrightarrow{\mathrm{grad}}$	ベクトル場 $\mathrm{grad}\, f(\boldsymbol{r}) = \nabla f(\boldsymbol{r})$
発散 div	ベクトル場 $\boldsymbol{v}(\boldsymbol{r}) \xrightarrow{\mathrm{div}}$	スカラー場 $\mathrm{div}\,\boldsymbol{v}(\boldsymbol{r}) = \nabla \cdot \boldsymbol{v}(\boldsymbol{r})$
回転 rot	ベクトル場 $\boldsymbol{v}(\boldsymbol{r}) \xrightarrow{\mathrm{rot}}$	ベクトル場 $\mathrm{rot}\,\boldsymbol{v}(\boldsymbol{r}) = \nabla \times \boldsymbol{v}(\boldsymbol{r})$

問 題

9.5 次のベクトル場 $\boldsymbol{v}(x,y,z)$ に対して，回転 $\mathrm{rot}\,\boldsymbol{v}$ を求めよ．

(1) $\boldsymbol{v}(x,y,z) = x^2 y\,\boldsymbol{e}_x + y^2 z\,\boldsymbol{e}_y + z^2 x\,\boldsymbol{e}_z$

(2) $\boldsymbol{v}(x,y,z) = yz\,\boldsymbol{e}_x + zx\,\boldsymbol{e}_y + xy\,\boldsymbol{e}_z$

9.6 2 階微分が可能な 3 次元ベクトル場 $\boldsymbol{v}$ に対し，

$$\mathrm{div}\,\mathrm{rot}\,\boldsymbol{v} = 0 \tag{9.5}$$

となることを示せ．

9.7 2 階微分が可能な 3 次元ベクトル場 $\boldsymbol{v}$ に対し，

$$\mathrm{rot}\,\mathrm{grad}\,\boldsymbol{v} = 0 \tag{9.6}$$

となることを示せ．

円柱座標表示 回転 $\mathrm{rot}\,\boldsymbol{v}$ を円柱座標に変換すると，やや複雑な計算により次が得られる．

$$\begin{aligned}\mathrm{rot}\,\boldsymbol{v} &= (\partial_y v_z - \partial_z v_y)\,\boldsymbol{e}_x + (\partial_z v_x - \partial_x v_z)\,\boldsymbol{e}_y + (\partial_x v_y - \partial_y v_x)\,\boldsymbol{e}_z \\ &= \left(\frac{\partial_\phi v_z}{\rho} - \partial_z v_\phi\right)\boldsymbol{e}_\rho + (\partial_z v_\rho - \partial_\rho v_z)\,\boldsymbol{e}_\phi + \left(\partial_\rho v_\phi - \frac{\partial_\phi v_\rho}{\rho} + \frac{v_\phi}{\rho}\right)\boldsymbol{e}_z\end{aligned} \tag{9.7}$$

問 題

9.8 上述の，円柱座標系における $\mathrm{grad}\,f$, $\mathrm{div}\,\boldsymbol{v}$, $\mathrm{rot}\,\boldsymbol{v}$ の表式を証明せよ．

例題 9.4

次の 3 次元ベクトル場の回転を求めよ．

(1) $\boldsymbol{v} = \cos\phi\,\boldsymbol{e}_\rho$ (2) $\boldsymbol{v} = f(\rho)\,\boldsymbol{e}_\rho$

解答 (1) $v_\rho = \cos\phi$, $v_\phi = v_z = 0$ を (9.7) に代入して，

$$\mathrm{rot}\,\boldsymbol{v} = \frac{\sin\phi}{\rho}\,\boldsymbol{e}_z$$

(2) $v_\phi = f(\rho)$, $v_\rho = v_z = 0$ を (9.7) に代入して，$\mathrm{rot}\,\boldsymbol{v} = \boldsymbol{0}$ ◆

問　題

9.9　次の 3 次元ベクトル場の回転を求めよ．

(1)　$\boldsymbol{v} = \dfrac{1}{\rho}\boldsymbol{e}_\phi$　　(2)　$\boldsymbol{v} = \rho^2 \boldsymbol{e}_z$

球座標表示　球座標 (r, θ, ϕ) については，計算はさらに煩雑になるが，基本的な考え方は同じである．

$$\begin{aligned}\operatorname{rot} \boldsymbol{v} = &\frac{\partial_\theta(\sin\theta v_\phi) - \partial_\phi v_\theta}{r\sin\theta}\boldsymbol{e}_r + \frac{\partial_\phi v_r - \sin\theta\,\partial_r(r v_\phi)}{r\sin\theta}\boldsymbol{e}_\theta \\ &+ \frac{\partial_r(r v_\theta) - \partial_\theta v_r}{r}\boldsymbol{e}_\phi \end{aligned} \tag{9.8}$$

例題 9.5

次の 3 次元ベクトル場の回転を求めよ．

(1)　$\boldsymbol{v} = \cos\theta\,\boldsymbol{e}_r$　　(2)　$\boldsymbol{v} = \dfrac{1}{r}\boldsymbol{e}_\theta$

解答　(1)　$v_r = \cos\theta, v_\theta = v_\phi = 0$ を (9.8) へ代入して，

$$\operatorname{rot} \boldsymbol{v} = \frac{\sin\theta}{r}\,\boldsymbol{e}_\phi$$

(2)　$v_r = \dfrac{1}{r}, v_\theta = v_\phi = 0$ を (9.8) へ代入して，$\operatorname{rot} \boldsymbol{v} = \boldsymbol{0}$.　◆

問　題

9.10　次の 3 次元ベクトル場の回転を求めよ．

(1)　$\operatorname{rot} \boldsymbol{v} = r\,\boldsymbol{e}_\phi$　　(2)　$\boldsymbol{v} = f(r)\,\boldsymbol{e}_r$

演習問題

◆**1** xy 平面上に，スカラー場 $f(x,y)$ とベクトル場 $\boldsymbol{v}(x,y)$ が与えられているとする．(x',y') 座標を

$$x' = ax + by, \quad y' = cx + dy, \quad ad - bc \neq 0$$

で定義する．このとき，$x'y'$ 座標系で計算した $\mathrm{grad}\, f$, $\mathrm{div}\, \boldsymbol{v}$, $\mathrm{rot}\, \boldsymbol{v}$ は，xy 座標系でのものと一致することを示せ．

◆**2** **山形大 電気電子工学専攻**

ベクトル場 $\boldsymbol{B} = x^4 z\, \boldsymbol{e}_x + y^3 z\, \boldsymbol{e}_y - xyz^3\, \boldsymbol{e}_z$ について $\mathrm{rot}\, \boldsymbol{B}$ を求めよ．

◆**3** **九州大システム情報科学府 情報学専攻**（記号をテキストに合わせて変更）

スカラー場 $\varphi(x,y,z)$, $\psi(x,y,z)$ について，以下の式が成り立つことを証明せよ．

$$\nabla \times (\varphi \nabla \varphi) = \boldsymbol{0}$$

◆**4** **九州大システム情報科学府 情報学専攻**

$\boldsymbol{r} = x\, \boldsymbol{e}_x + y\, \boldsymbol{e}_y + z\, \boldsymbol{e}_z$, $r = |\boldsymbol{r}|$ $(r > 0)$ とする．また，$\boldsymbol{a}$ を定ベクトルとし，$\boldsymbol{a} = a_x\, \boldsymbol{e}_x + a_y\, \boldsymbol{e}_y + a_z\, \boldsymbol{e}_z$, $a = |\boldsymbol{a}|$ $(a > 0)$ とする．以下を計算せよ．

(1) $\nabla \cdot \left(\dfrac{\boldsymbol{r}}{r^3} \right)$　　(2) $\nabla \times \left(\dfrac{\boldsymbol{a} \times \boldsymbol{r}}{r^3} \right)$

◆**5** **九州大システム情報科学府 情報学専攻**（記号をテキストに合わせて変更）

直交座標系において，x, y, z 軸方向の単位ベクトルをそれぞれ $\boldsymbol{e}_x$, $\boldsymbol{e}_y$, $\boldsymbol{e}_z$ とする．次の各問いに答えよ．

(1) 点 $(1,0,1)$ から点 $(0,1,1)$ にいたる曲線 C に沿って，次の線積分を計算せよ．

$$\int_C \frac{x^2 dx + dy + z dz}{x^2 + y^2 + z^2}, \qquad C : x^2 + y^2 = 1 \ (x \geq 0,\ y \geq 0), \quad z = 1$$

(2) ベクトル場を $\boldsymbol{F} = z e^{2xy}\, \boldsymbol{e}_x + 2xy \cos y\, \boldsymbol{e}_y + (x + 2y)\, \boldsymbol{e}_z$ とする．点 $(2,0,3)$ における $\nabla \times \boldsymbol{F}$，および $\nabla \times (\nabla \times \boldsymbol{F})$ を計算せよ．

第10章

勾配場の線積分

ここから 3 章分は，スカラー場，ベクトル場の積分，微分に関する定理を扱う．どれも微積分の基本定理の拡張といえる．

この章では，勾配場の線積分の定理を扱う．勾配場とは，あるスカラー場 f を用いて $\mathrm{grad}\, f$ と表されるベクトル場のことである．このベクトル場の線積分は，驚くほど簡易な形で表される．

10.1　微積分の基本定理の理解

復習になるが，1 変数関数の定積分の定義と，微積分の基本定理を 2 章より再掲する．連続関数 $f(x)$ と閉区間 $[a, b]$ に対し

$$\int_a^b f(x)\,dx = \lim_{n\to\infty}\sum_{k=0}^{n-1} f(a+k\,dx)\,dx \quad \left(dx = \frac{b-a}{n}\right)$$

と定義する．これに対し，以下の**微積分の基本定理**が成り立つ．

(1) $$\frac{d}{dx}\left(\int_a^x f(t)dt\right) = f(x) \tag{10.1}$$

(2) $$\int_a^b f'(x)dx = f(b) - f(a) \tag{10.2}$$

証明　(1)　定義より次の等式が成立する．

$$\frac{1}{h}\left(\int_a^{x+h} f(t)dt - \int_a^x f(t)dt\right) = \frac{1}{h}\int_x^{x+h} f(t)dt$$

この左辺で $h \to 0$ の極限をとると，$\dfrac{d}{dx}\left(\displaystyle\int_a^x f(t)dt\right)$ になる．一方右辺 $\dfrac{1}{h}\displaystyle\int_x^{x+h} f(t)dt$ に積分の平均値の定理を適用すると

$$\frac{1}{h}\int_x^{x+h} f(t)dt = f(c)$$

となる c が x と $x+h$ の間に存在する．ここで $h \to 0$ とすると $c \to x$ となり，$f(c) \to f(x)$ となる．

(2)　両辺の b を変数だと思って，左辺 − 右辺を b で微分すると，(1) より

$$\frac{d}{db}\left(\int_a^b f'(x)dx - f(b) + f(a)\right) = f'(b) - f'(b) = 0$$

となる．また，$b = a$ のとき，左辺も右辺もゼロである．よって任意の b で与式は成り立つ．◆

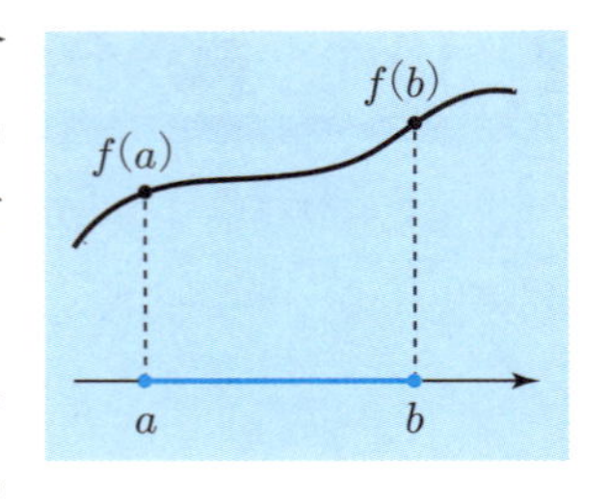

これは，数直線上の閉区間 $[a, b]$ における積分 $\int_a^b f'(x)dx$ が，区間の端 $x = a$, $x = b$ における $f(x)$ の値のみを用いて表されることを意味している（右図）．

式としてはおなじみであろうが，なぜこうなるのか直観的にも理解しておきたい．$f'(x)$ は $\dfrac{f(x+dx)-f(x)}{dx}$ で $dx \to 0$ としたものであった．$f(x+dx) = f(x) + f'(x)\,dx$ となる．（dx の高次の部分は無視してある．）さらに $f(x+2\,dx) = f(x) + f'(x)\,dx + f(x+dx)\,dx$, $f(x+3\,dx) = f(x) + f'(x)\,dx + f(x+dx)\,dx + f(x+2\,dx)\,dx$ となっていき，

$$f(x+n\,dx) = f(x) + dx\sum_{k=0}^{n-1} f'(x+n\,dx)$$

となることも分かる．これを定積分の定義に従って連続的に拡張すると，

$$f(x) = f(a) + \int_a^x f'(t)\,dt$$

となることが分かる．つまり,「**f の増分は f' の積み重ね**」と理解できる．これより，$f(b)-f(a)=\displaystyle\int_a^b f'(x)\,dx$ が理解できるであろう．

$f(x)$ を述語として言えば,「**微分して積分すると，端の値になる**」と表現できる．10, 11, 12 章の目的は，この定理を grad, div, rot を含む形に拡張することである．全て「微分して積分すると，端の値になる」という形になる．

補足　1 次元のスカラー場，ベクトル場，勾配，発散，線積分は本書では定義していないが，敢えて書くと，スカラー場 $f(x)$，ベクトル場 $\boldsymbol{v}(x)=v_x(x)$，勾配 $\mathrm{grad}\,f=f'(x)$，発散 $\mathrm{div}\,\boldsymbol{v}=v_x'(x)$ ということなる．これを使うと，上の微積分の基本定理は

$$\int_{[a,b]}\mathrm{grad}\,f\cdot d\boldsymbol{r}=f(b)-f(a),\quad \int_{[a,b]}\mathrm{div}\,\boldsymbol{v}\,ds=f(b)-f(a)$$

ということになる．

10.2　勾配場の線積分（2 次元）

まずは 2 次元のベクトル場 $\boldsymbol{v}(x,y)=(v_x(x,y),v_y(x,y))$ の線積分を考えよう．パラメータ t で $\boldsymbol{r}(t)$ $(t_1\le t\le t_2)$ と表される曲線 C に対して，ベクトル場 $\boldsymbol{v}(x,y)$ の線積分は

$$\int_C \boldsymbol{v}(x,y)\cdot d\boldsymbol{r}=\int_{t_1}^{t_2}\boldsymbol{v}(x,y)\cdot\frac{d\boldsymbol{r}}{dt}dt \tag{10.3}$$

というものであった．

ベクトル場 $\boldsymbol{v}(x,y)$ が，あるスカラー場 $f(x,y)$ の勾配として表されるとする．

$$\boldsymbol{v}(x,y)=\mathrm{grad}\,f(x,y) \tag{10.4}$$

このとき，次が成り立つ．

勾配場の線積分の定理（2 次元）

$$\int_C \mathrm{grad}\, f(x,y)\cdot d\boldsymbol{r} = f(C\text{ の終点}) - f(C\text{ の始点}) \qquad (10.5)$$

証明 $C : \boldsymbol{r}(t) = (x(t), y(t))\ (t_1 \leq t \leq t_2)$ とする．

$$\int_C (\mathrm{grad}\, f)\cdot d\boldsymbol{r} = \int_{t_1}^{t_2} (\mathrm{grad}\, f)\cdot \frac{d\boldsymbol{r}}{dt}\, dt$$
$$= \int_{t_1}^{t_2} \left(\frac{\partial f}{\partial x}\frac{dx}{dt} + \frac{\partial f}{\partial y}\frac{dy}{dt}\right) dt = \int_{t_1}^{t_2} \frac{d}{dt} f(x(t), y(t))\, dt$$
$$= f(x(t_2), y(t_2)) - f(x(t_1), y(t_1))$$

補足　最後の等号が微積分の基本定理である． ◆

この定理を図を使って理解しよう．標高 $f(x,y)$ を持った山を，地点 P から地点 Q まで経路 C で移動するとき，その標高差 $f(\boldsymbol{Q}) - f(\boldsymbol{P})$ は，移動方向の方向微分 $(\mathrm{grad}\, f)\cdot d\boldsymbol{r}$ を積分していった，$\int_C (\mathrm{grad}\, f)\cdot d\boldsymbol{r}$ に等しい，という意味である．

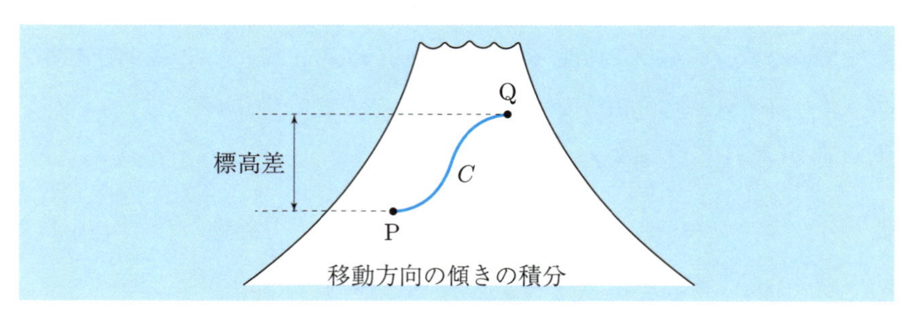

t を時刻だと考えると $\frac{d\boldsymbol{r}}{dt}$ は速度であり，$(\mathrm{grad}\, f)\cdot\frac{d\boldsymbol{r}}{dt}$ は時間あたりに増える標高と理解できる．最終的な標高差は

$$\int_{t_1}^{t_2} (\mathrm{grad}\, f)\cdot \frac{d\boldsymbol{r}}{dt}$$

となる．

この勾配場の線積分を使った計算練習をしよう．

例題 10.1

次の 2 次元スカラー場 f の勾配を，曲線 C 上で線積分せよ．

(1)　$f = x^2 + y^2$, $C : y = x^2$ $(0 \leq x \leq 2)$

(2)　$f = xy$, $C : (\cos t, \sin t)$ $(0 \leq t \leq 2\pi)$

解答　勾配場の線積分の定理を使う．いずれも $f(C$ の終点$) - f(C$ の始点$)$ となる．

(1)　$f(2,4) - f(0,0) = 20$　　(2)　$f(1,0) - f(1,0) = 0$　◆

この (2) からも分かるように，始点と終点が同じ場合には，線積分の値は 0 になる．始点と終点が同じである曲線を**閉曲線**という．

閉曲線上での勾配場の線積分（2 次元）

$$\int_{閉曲線} \mathrm{grad}\, f(x,y) \cdot d\boldsymbol{r} = 0 \tag{10.6}$$

問　題

10.1　次のスカラー場 f の勾配を，曲線 C 上で線積分せよ．

(1)　$f = x^3 + y^4$, $C : (a\cos t, a\sin t)$ $\left(0 \leq t \leq \frac{\pi}{2}\right)$

(2)　$f = x^2 + y^2$, $C : \frac{x^2}{4} + \frac{y^2}{9} = 1$

例題 10.2

2 次元スカラー場 $f = x^2 + y^2$ の勾配を，曲線 $C : \boldsymbol{r}(t) = (t, t^a)$ $(0 \leq t \leq 1)$ 上で線積分せよ（a は正定数）．

解答　勾配場の線積分の定理 (p.96) より

$$\int_C (\mathrm{grad}\, f) \cdot d\boldsymbol{r} = f(終点) - f(始点) = [x^2 + y^2]_{(0,0)}^{(1,1)} = 2$$

別解

$$\int_C (\mathrm{grad}\, f) \cdot d\boldsymbol{r} = \int_0^1 (2x, 2y) \cdot (1, at^{a-1})dt$$

$$= \int_0^1 dt\,(2t + 2at^{2a-1}) = 2$$

◆

補足　この答は a に依存しない．勾配場の線積分は，始点と終点が固定されていれば，その経路に依存しない．山はどのような経路で登っても，登る量の損得はない，という意味である．

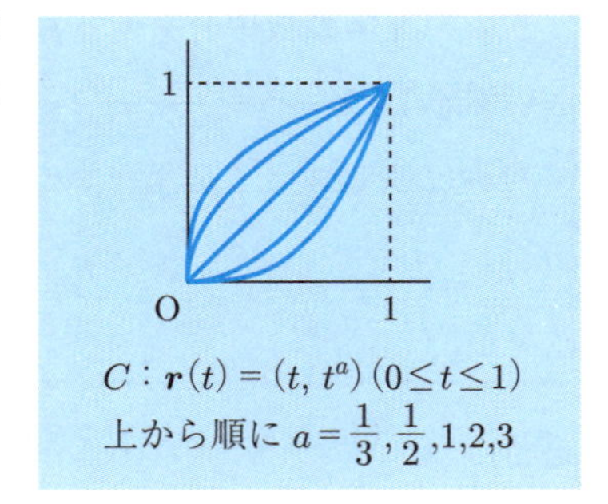

$C : \boldsymbol{r}(t) = (t, t^a)\ (0 \leq t \leq 1)$
上から順に $a = \frac{1}{3}, \frac{1}{2}, 1, 2, 3$

問　題

10.2　スカラー場 $f(x,y) = x^3 + y^3$ の，半楕円 $\frac{x^2}{a^2} + \frac{y^2}{b^2} = 1\ (0 \leq x)$（左回りが正）上の線積分を求めよ．

最後に極座標での扱いについて触れておく．

例題 10.3

勾配場の線積分の定理を，極座標を使って証明せよ．

解答　C を $r = r(t), \theta = \theta(t), t_1 \leq t \leq t_2$ とする．

$$
\begin{aligned}
\int_C \operatorname{grad} f(r,\theta) \cdot d\boldsymbol{r} &= \int_C \left\{ (\partial_r f)\boldsymbol{e}_r + \frac{1}{r}(\partial_\theta f)\,\boldsymbol{e}_\theta \right\} \cdot (dr\,\boldsymbol{e}_r + r\,d\theta\,\boldsymbol{e}_\theta) \\
&= \int_C dt \left\{ \frac{dr}{dt}(\partial_r f) + \frac{d\theta}{dt}(\partial_\theta f) \right\} \\
&= \int_C dt \frac{d}{dt} f(r,\theta) \\
&= f(r(t_2), \theta(t_2)) - f(r(t_1), \theta(t_1))
\end{aligned}
$$

◆

座標系には依存しない形の定理なので，1 つの座標系で証明すれば，証明としては十分である．

10.3 勾配場の線積分（3 次元）

2 次元の勾配場と同様に，3 次元の勾配場についても次の定理が成り立つ．

勾配場の線積分の定理（3 次元）

$$\int_C \mathrm{grad}\, f(x,y) \cdot d\boldsymbol{r} = f(C\text{ の終点}) - f(C\text{ の始点}) \qquad (10.7)$$

証明 $C : \boldsymbol{r}(t) = (x(t), y(t), z(t))$ $(t_1 \leq t \leq t_2)$ とする．

$$\begin{aligned}
&\int_C (\mathrm{grad}\, f) \cdot d\boldsymbol{r} \\
&= \int_{t_1}^{t_2} (\mathrm{grad}\, f) \cdot \frac{d\boldsymbol{r}}{dt}\, dt \\
&= \int_{t_1}^{t_2} \left(\frac{\partial f}{\partial x}\frac{dx}{dt} + \frac{\partial f}{\partial y}\frac{dy}{dt} + \frac{\partial f}{\partial z}\frac{dz}{dt} \right) dt \\
&= \int_{t_1}^{t_2} \frac{d}{dt} f(x(t), y(t), z(t))\, dt \\
&= f(x(t_2), y(t_2)) - f(x(t_1), y(t_1))
\end{aligned}$$

補足 最後の等号が微積分の基本定理である． ◆

例題 10.4

次の 3 次元スカラー場 f の勾配を，曲線 C 上で線積分せよ．

(1) $f = x^2 + y^2 + z^2$, $C : x = 2y = 3z$ $(0 \leq x \leq 6)$

(2) $f = xy$, $C : (\cos\phi, \sin\phi, 1)$ $(0 \leq \phi \leq 2\pi)$

解答 いずれも $f(C$ の終点$) - f(C$ の始点$)$ となる．

(1) $f(6,3,2) - f(0,0,0) = 36 + 9 + 4 = 49$

(2) $f(1,0,1) - f(1,0,1) = 0 - 0 = 0$ ◆

2 次元の場合と同様に次のことが分かる．

閉曲線上での勾配場の線積分（3 次元）

$$\int_{\text{閉曲線}} \operatorname{grad} f(x, y, z) \cdot d\boldsymbol{r} = 0 \qquad (10.8)$$

問　題

10.3　次の 3 次元スカラー場 f の勾配を，曲線 C 上で線積分せよ．

(1)　$f = x^2 + y^2 + z^2$, $C : x - 1 = 2y = \dfrac{z+1}{2}$ $(3 \leq x \leq 5)$

(2)　$f = xy$, $C : (\cos\phi, \sin\phi, \sin^2\phi)$ $(0 \leq \phi \leq 2\pi)$

例題 10.5

3 次元のスカラー場 $f = \dfrac{1}{r}$ の勾配を，曲線 $C : (1+t, t^a, t^{2a})$ $(0 \leq t \leq 1)$ 上で線積分せよ．

解答　勾配場の線積分の定理より，

$$f(2,1,1) - f(1,0,0) = \frac{1}{\sqrt{6}} - 1$$

◆

問　題

10.4　3 次元のスカラー場 $f = \rho$ の勾配を，曲線 $C : (t + a\sin t, 2t + \sin^2 t, t + \cos^2 t)$ $(0 \leq t \leq 2\pi)$ 上で線積分せよ．

演習問題

◆**1**　次の 2 次元スカラー場 f の勾配を，曲線 C 上で線積分せよ．

(1)　$f=(x+y)^2,\ C: \dfrac{x^2}{a^2}+\dfrac{y^2}{b^2}=1\ (0 \leq x, y)$（左回りが正）

(2)　$f=\theta,\ C: (\cosh t, \sinh t)\ (0 \leq t)$

◆**2**　次の 3 次元スカラー場 f の勾配を，曲線 C 上で線積分せよ．

(1)　$f=\sqrt{x^2+y^2+z^2},\ C:$ 原点から点 $(3, 4, 12)$ に至る線分

(2)　$f=(x+y+z)^2,\ C: x^2+y^2+z^2=1, z=x$（$z$ 正方向から見て左回りが正の向き）

◆**3**　(1)　次の $\phi(x, y, z)$ に対して，勾配 $\operatorname{grad}\phi(x, y, z)$ を求めよ．

(i)　$\phi(x, y, z)=ax+by+cz$（a, b, c は定数）

(ii)　$\phi(x, y, z)=ax^2+by^2+cz^2$（$a, b, c$ は定数）

(iii)　$\phi(x, y, z)=\dfrac{k}{\sqrt{x^2+y^2+z^2}}$（$k$ は定数）

(2)　座標空間内の積分路 C を $\left\{(1, t, t^2) \mid 0 \leq t \leq 1\right\}$ で定める．(1) の (i)–(iii) のベクトル場に対して $\displaystyle\int_0^1 \operatorname{grad}\phi \cdot d\boldsymbol{r}$ を計算せよ．

(3)　(2) の結果に対して，公式 (10.7) が成り立つことを確認せよ．

◆**4**　球座標を利用して，勾配場の線積分の定理を示せ．

◆**5**　円柱座標を利用して，勾配場の線積分の定理を示せ．

第11章

グリーンの定理，ストークスの定理

積分と微分の両方が登場する定理の第 1 弾は，前章の勾配場の線積分であった．ここでは，第 2 弾として，rot の積分が登場するグリーンの定理とストークスの定理を扱う．

11.1 グリーンの定理

公式 (10.2), (10.5) は，数直線上の閉区間での積分と，区間の両端での値の関係を与えている（p.94 の図）．このことの拡張として，平面上の領域 D における面積分と，D の境界 $C = \partial D$ での線積分との関係を考えよう．ここで C は，自身と交わらない閉曲線とする．これを**単純閉曲線**という．2 変数の関数 $P(x, y)$, $Q(x, y)$ に対して，微積分の基本定理 (10.2) を利用すると，次の定理が示される．

グリーンの定理 (Green's theorem)

xy 平面上の単純閉曲線 C に囲まれた領域を D とし，C は D の内部を左側にみる向きに向きづけられているものとする．このとき，xy 平面上の関数 $P(x, y)$, $Q(x, y)$ に対して次が成り立つ．

$$\iint_D \left(\frac{\partial Q}{\partial x} - \frac{\partial P}{\partial y} \right) dxdy = \int_C (P\,dx + Q\,dy) \qquad (11.1)$$

証明 まずは，領域 D が次の単純な長方形領域の場合を考えよう．

$$D = \{(x, y) \mid a \leq x \leq b,\ c \leq y \leq d\}$$

さらに，D の境界 C を次のように 4 つに分割しておく．

- C_1: (a, c) と (b, c) とを結ぶ有向線分（向きは $(a, c) \to (b, c)$）
- C_2: (b, c) と (b, d) とを結ぶ有向線分（向きは $(b, c) \to (b, d)$）
- C_3: (b, d) と (a, d) とを結ぶ有向線分（向きは $(b, d) \to (a, d)$）
- C_4: (a, d) と (a, c) とを結ぶ有向線分（向きは $(a, d) \to (a, c)$）

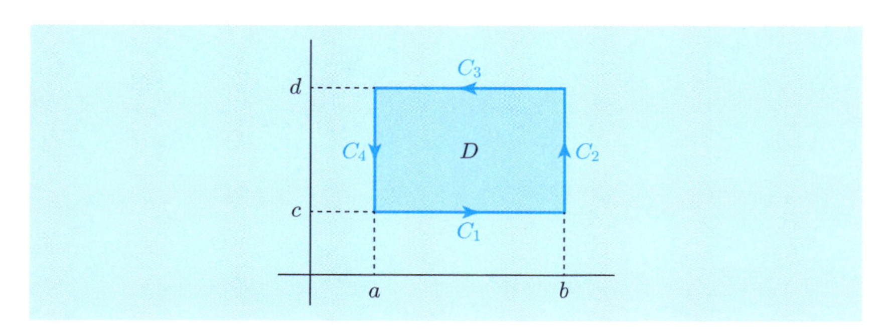

このとき，累次積分，および微積分の基本定理 (10.2) を用いると，

$$\iint_D \frac{\partial Q}{\partial x} dxdy = \int_c^d \left(\int_a^b \frac{\partial Q}{\partial x} dx \right) dy = \int_c^d [Q(x, y)]_{x=a}^{x=b} dy$$
$$= \int_c^d Q(b, y) dy - \int_c^d Q(a, y) dy$$

となる．一方，C_1, C_3 においては y 座標は変化しないので，

$$\int_{C_1} Q(x, y) dy = \int_{C_3} Q(x, y) dy = 0$$

である．よって，

$$\int_C Q(x, y) dy = \int_{C_2} Q(x, y) dy + \int_{C_4} Q(x, y) dy$$
$$= \int_c^d Q(b, y) dy - \int_c^d Q(a, y) dy$$

であり，

$$\iint_D \frac{\partial Q}{\partial x} dxdy = \int_C Q(x, y) dy$$

が示された．同様の議論により

$$\iint_D \frac{\partial P}{\partial y} dxdy = -\int_C P(x, y) dy$$

となるので，長方形領域に対しては (11.1) が成り立つことが分かる．

次に，2つの長方形領域をつなげることを考える．すなわち，下図のように，長方形の積分路 $\widetilde{C}_1$: A→B→E→F→A, $\widetilde{C}_2$: B→C→D→E→B とを考えて，それらに対応する積分を足し合わせることを考える．

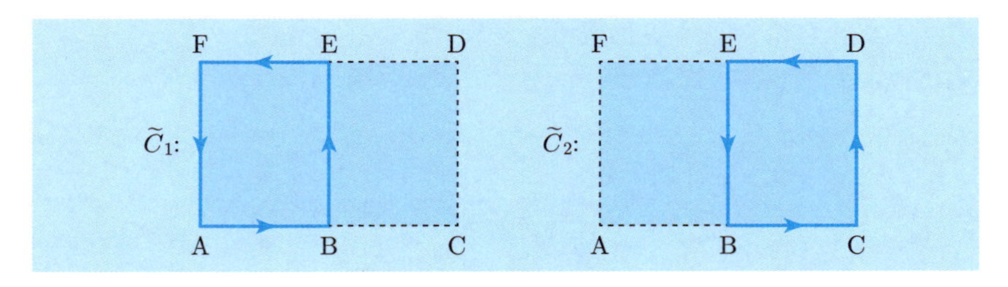

B→E での積分と E→B での積分とは打ち消しあう，すなわち，

$$\int_{\mathrm{B}\to\mathrm{E}} f(x(s), y(s))ds + \int_{\mathrm{E}\to\mathrm{B}} f(x(s), y(s))ds = 0$$

であることに注意すると，結合した積分路 $\widetilde{C}$: A→B→C→D→E→F→A について，

$$\int_{\widetilde{C}_1} f(x(s), y(s))ds + \int_{\widetilde{C}_2} f(x(s), y(s))ds = \int_{\widetilde{C}} f(x(s), y(s))ds$$

が成り立つ．すなわち，下図のように隣り合った領域の境界での線積分を足し合わせると，結合した一回り大きな領域の境界での積分となることが分かる．

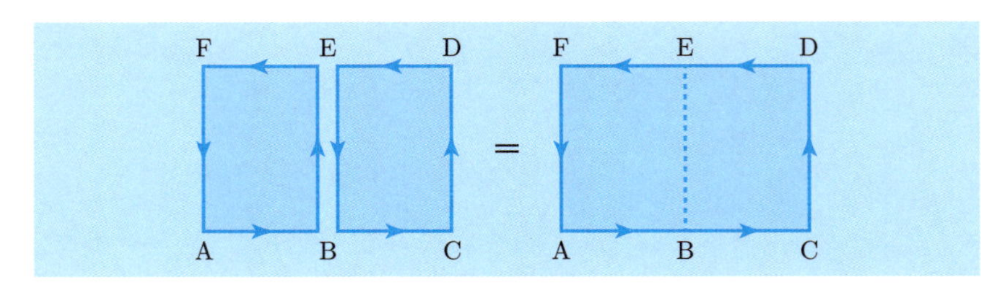

より一般の形の領域に対しては，微小な長方形に切り分けて考えればよい．閉曲線で囲まれた領域を長方形の組合せで近似するとき，長方形を細かくしていけば元の領域に近づいていくことは，直観的には次図より理解できるであろう．

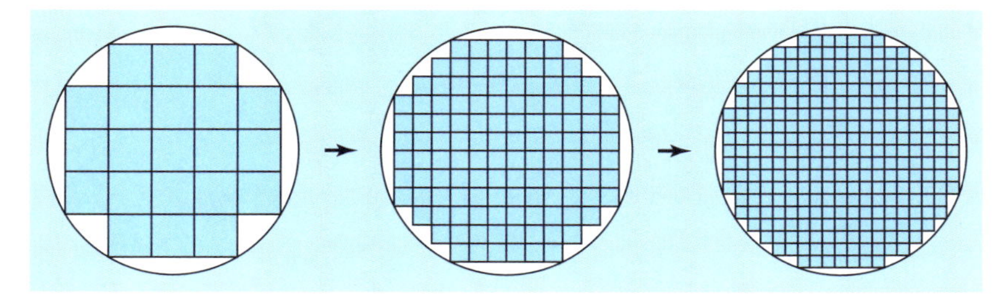

ここでは詳細を略すが，長方形の組合せで近似した領域での積分は，長方形の大きさを小さくしていく極限で，元の積分に収束することが証明できる．◆

グリーンの定理の上の証明をみると，微積分の基本定理を通して，ある領域での積分が，その境界での値と関連づけられていることが分かるであろう．グリーンの定理は 2 次元の平面上の面積分と線積分との関係を述べたものであるが，これをさらに高次元の空間へ拡張することができることが知られている．

例題 11.1

xy 平面上の領域 D を次のように定める．

$$D = \{(x, y) \mid x \geq 0,\ y \geq 0,\ 0 \leq bx + ay \leq ab\}$$

また，$C = \partial D$ として，向きは反時計回りとする．このとき，グリーンの定理 (11.1) が成り立つことを確かめよ．

解答 (11.1) の左辺 $= \displaystyle\iint_D \frac{\partial Q}{\partial x} dxdy - \iint_D \frac{\partial P}{\partial y} dxdy$

$$= \int_0^b \left(\int_0^{a(b-y)/b} \frac{\partial Q}{\partial x} dx \right) dy - \int_0^a \left(\int_0^{b(a-x)/a} \frac{\partial P}{\partial y} dy \right) dx$$

$$= \int_0^b \left\{ Q\left(\frac{a(b-y)}{b}, y \right) - Q(0, y) \right\} dy - \int_0^a \left\{ P\left(x, \frac{b(a-x)}{a} \right) - P(x, 0) \right\} dx \qquad (11.2)$$

一方，D の境界の三角形において，

- $C_1 = \{(s, 0) \,|\, 0 \leq s \leq a\}$（点 $(0,0)$ から $(a,0)$ への有向線分），
- $C_2 = \left\{ \left(a - \frac{as}{\sqrt{a^2+b^2}}, \frac{bs}{\sqrt{a^2+b^2}} \right) \middle| \, 0 \leq s \leq \sqrt{a^2+b^2} \right\}$（点 $(a,0)$ から $(0,b)$ への有向線分），
- $C_3 = \{(0, b-s) \,|\, 0 \leq s \leq b\}$（点 $(0,b)$ から $(0,0)$ への有向線分）

とする．このとき，

$$\int_{C_1} (P\,dx + Q\,dy) = \int_{C_1} \left(P\frac{dx}{ds} + Q\frac{dy}{ds} \right) ds = \int_0^a P(s,0)\,ds, \tag{11.3}$$

$$\int_{C_3} (P\,dx + Q\,dy) = \int_{C_3} \left(P\frac{dx}{ds} + Q\frac{dy}{ds} \right) ds = \int_0^b \{-Q(0, b-s)\}\,ds \tag{11.4}$$

となる．また，C_2 については

$$\begin{aligned} \int_{C_2} (P\,dx + Q\,dy) &= \int_{C_2} \left(P\frac{dx}{ds} + Q\frac{dy}{ds} \right) ds \\ &= \int_0^{\sqrt{a^2+b^2}} P\left(a - \frac{as}{\sqrt{a^2+b^2}}, \frac{bs}{\sqrt{a^2+b^2}} \right) \frac{(-a)}{\sqrt{a^2+b^2}} ds \\ &\quad + \int_0^{\sqrt{a^2+b^2}} Q\left(a - \frac{as}{\sqrt{a^2+b^2}}, \frac{bs}{\sqrt{a^2+b^2}} \right) \frac{b}{\sqrt{a^2+b^2}} ds \end{aligned} \tag{11.5}$$

となるが，第 1 項では $x = a - \frac{as}{\sqrt{a^2+b^2}}$，第 2 項では $y = \frac{bs}{\sqrt{a^2+b^2}}$ と置換すると，

$$\int_{C_2} (P\,dx + Q\,dy) = -\int_0^a P\left(x, \frac{b(a-x)}{a} \right) dx + \int_0^b Q\left(\frac{a(b-y)}{b}, y \right) dy \tag{11.6}$$

が得られる．以上を

$$\int_C (P\,dx + Q\,dy) = \int_{C_1} (P\,dx + Q\,dy) + \int_{C_2} (P\,dx + Q\,dy) + \int_{C_3} (P\,dx + Q\,dy)$$

に代入すれば (11.2) に等しいことが示される．

問　題

11.1 $D: x^2 + y^2 \leq a^2$, $P = x + y$, $Q = xy$ について，グリーンの定理 (11.1) が成り立つことを確かめよ．

11.2　ストークスの定理（2 次元）

今度は，平面上のベクトル場 $\boldsymbol{v}(x, y)$ の回転

$$\mathrm{rot}\,\boldsymbol{v} = \frac{\partial v_y}{\partial x} - \frac{\partial v_x}{\partial y} \tag{11.7}$$

の面積分を考える．グリーンの定理において $P = v_x,\, Q = v_y$ とすると，次が得られる．

ストークスの定理（2 次元）(Stokes' theorem)

$$\iint_D \mathrm{rot}\,\boldsymbol{v}\,dxdy = \int_C \boldsymbol{v}\cdot d\boldsymbol{r} = \int_C \left(\boldsymbol{v}\cdot\frac{d\boldsymbol{r}}{ds}\right) ds \tag{11.8}$$

(11.8) の右辺は，ベクトル場 $\boldsymbol{v}$ に対して，領域の境界に沿った成分を足し合わせたものである（境界を反時計回りに回る向きを正とする）．隣り合った正方形領域をつなぎ合わせると，下図のように，重なった部分の線積分はキャンセルして，繋がった領域の境界上での線積分となる．

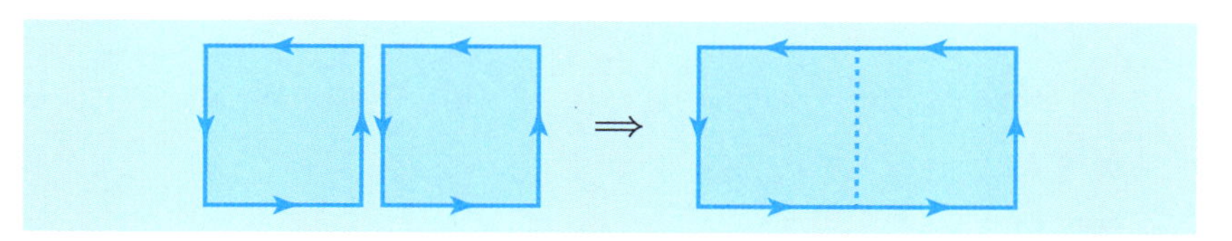

よって，(11.8) の左辺，右辺は，それぞれ次のように意味付けができる．

- (11.8) の左辺 ＝ 領域 D 内の各点での回転の総和
- (11.8) の右辺 ＝ 境界 C に沿った回転の総和

つまり，公式 (11.8) は，次のように物理的な言葉で理解できる．

D の内部での回転の総和 ＝ 境界 C に沿った回転の総和

このストークスの定理を具体的な例で確かめてみよう．

例題 11.2

$\boldsymbol{v} = (x-y, x+y)$ と，$D = \{(x,y) \,|\, x^2+y^2 \leq 1\}$ について，ストークスの定理の両辺を計算せよ．

解答　左辺 $= \displaystyle\iint_D \mathrm{rot}\,\boldsymbol{v}\,dS = \iint_D 2\,dS = 2\pi$

$$\text{右辺} = \int_C \boldsymbol{v}\cdot d\boldsymbol{r} = \int_0^{2\pi} (\cos t - \sin t, \cos t + \sin t)\cdot(-\sin t, \cos t)\,dt$$

$$= \int_0^{2\pi} dt = 2\pi$$

◆

問　題

11.2　座標平面上で領域 $D = \left\{(x,y) \,|\, \frac{x^2}{a^2} + \frac{y^2}{b^2} \leq 1\right\}$ とする．次のベクトル場に対して，(11.8) の両辺を計算し，等しいことを確認せよ．

(1)　$\boldsymbol{v} = (-y, cx)$　　(2)　$\boldsymbol{v} = (y^3+y^2, x^3+x^2)$

11.3　次のベクトル場 $\boldsymbol{v}$ の曲線 C 上の線積分を求めよ．

(1)　$\boldsymbol{v} = (x-y, 2x+y)$, $C = \{(x,y) \,|\, x^2+2y^2 = 1\}$

(2)　$\boldsymbol{v} = (-y, y)$, $C : (0,0), (a,b), (c,d)$ を頂点とする三角形

(3)　$\boldsymbol{v} = (2x+y, 3y+y^2)$, $C = \{(x,y) \,|\, r \leq 1+\cos\theta\}$

ストークスの定理は，左辺，右辺のどちらかが，計算が難しいときに，威力を発揮する．

例題 11.3

原点を重心とする一辺の長さ a の正三角形を C とする．ベクトル場 $\boldsymbol{v} = (-y, x)$ の C 上の線積分を求めよ．

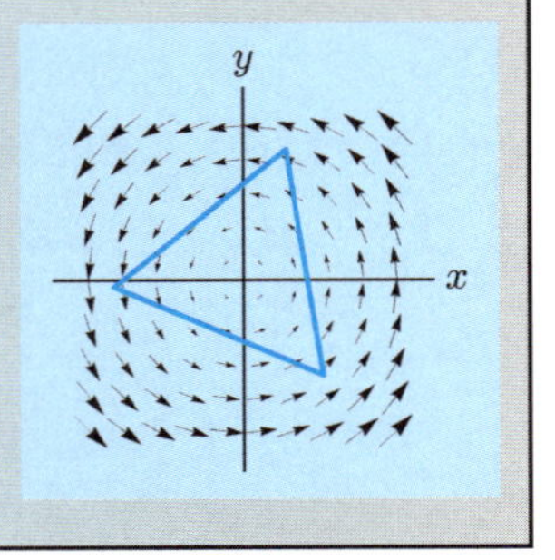

解答　$\displaystyle\int_C \boldsymbol{v}\cdot d\boldsymbol{r} = \iint_{C\text{ の内部}} \mathrm{rot}\,\boldsymbol{v}\,dS = \iint_{C\text{ の内部}} 2\,dS = 2\frac{\sqrt{3}}{4}a^2 = \frac{\sqrt{3}}{2}a^2$　◆

この問題では，正三角形の傾きが決定していないので，$\int_C \boldsymbol{v}\cdot d\boldsymbol{r}$ の計算は面倒であるが，rot $\boldsymbol{v}$ が定数になるので，$\iint_{C\text{ の内部}} \mathrm{rot}\,\boldsymbol{v}\,dS$ の計算は簡単である．

問　題

11.4　一辺の長さ a の正方形を C とする．ベクトル場 $\boldsymbol{v} = (4x+2y, 3x-5y)$ の C 上の線積分を求めよ．

最後に，後で使う抽象的な定理を例題として挙げておく．

例題 11.4

平面上の任意の閉曲線 C について $\displaystyle\int_C \boldsymbol{v}\cdot d\boldsymbol{r} = 0$ であれば，$\mathrm{rot}\,\boldsymbol{v} = 0$ となることを示せ．

解答　仮にある点 P で，$(\mathrm{rot}\ \boldsymbol{v})(\mathrm{P}) > 0$ だったとする（負でも同様）．P のごく近くの円板 D では，$\mathrm{rot}\,\boldsymbol{v} > 0$ であるようにできる．ストークスの定理より

$$0 < \iint_D \mathrm{rot}\ \boldsymbol{v}\,dS = \int_{D\text{ の周囲の円}} \boldsymbol{v}\cdot d\boldsymbol{r}$$

となり，仮定と矛盾する．◆

補足　渦があれば，その周りの閉曲線で線積分して渦量が出る，ということである．

問　題

11.5　xy 平面上の調和関数 f と，閉曲線 C について，次のことを示せ．

$$\int_C \left(\frac{\partial f}{\partial y}dx - \frac{\partial f}{\partial x}dy\right) = 0$$

11.3　ストークスの定理（3 次元）

ここでは，ストークスの定理を 2 次元から 3 次元に拡張する．

ストークスの定理（3 次元）(Stokes' theorem)

単純な有向閉曲線 C に囲まれた曲面を S とする．C の正の向きに回ったときに，右ねじの向きを S の表とする．

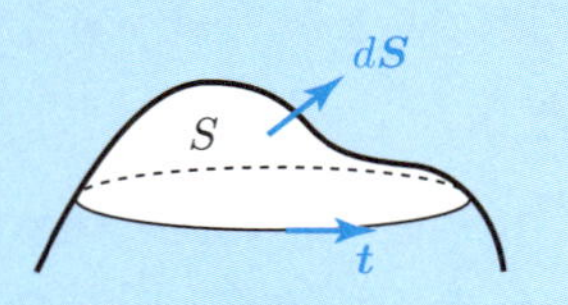

$$\iint_S (\mathrm{rot}\,\boldsymbol{v}) \cdot d\boldsymbol{S} = \int_C \boldsymbol{v} \cdot d\boldsymbol{r} \qquad (11.9)$$

- 左辺はベクトル場（$\mathrm{rot}\,\boldsymbol{v}$）の面積分．
- 右辺はベクトル場 $\boldsymbol{v}$ の（接線）線積分．
- S に特異点がある場合は適用不可．
- $\boldsymbol{v}$ の回転の面積分は，境界上で $\boldsymbol{v}$ を線積分したものに等しい，という主張．
- 曲面 S 内の回転の総和は，周囲 ∂S での左回りの流れの総和に等しい，という主張．

ストークスの定理（3 次元）の証明

曲面 S を右図のように，立方体の集まりの表面の正方形板 $(S_1, \cdots, S_n)$ で近似する．仮に正方形板で，(11.9) が成立するとしよう．

$$\iint_{S_k} \mathrm{rot}\,\boldsymbol{v} \cdot d\boldsymbol{S} = \int_{S_k\text{の周囲}} \boldsymbol{v} \cdot d\boldsymbol{r} \quad (k = 1, \cdots, n)$$

その等式を全て足せば，左辺の合計は，領域の足し算で (11.9) の左辺となる．

$$\sum_{k=1}^{n} \iint_{S_k} \mathrm{rot}\,\boldsymbol{v} \cdot d\boldsymbol{S} \to \iint_S (\mathrm{rot}\,\boldsymbol{v}) \cdot d\boldsymbol{S}$$

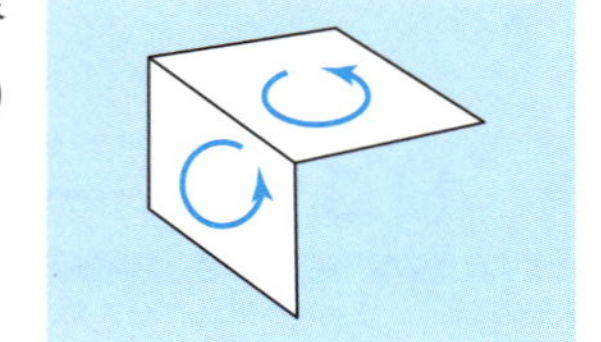

右辺の合計は，2 つの正方形板で共有する辺での線積分は相殺し，残るのは周囲だけになり，(11.9) の右辺となる．

$$\sum_{k=1}^{n} \int_{S_k\text{の周囲}} \boldsymbol{v} \cdot d\boldsymbol{r} \to \int_{\partial D} \boldsymbol{v} \cdot d\boldsymbol{r}$$

よって正方形板で (11.9) を証明すれば十分である．

右図のように正方形板に沿って軸をとり，この正方形板について次のことを示す．

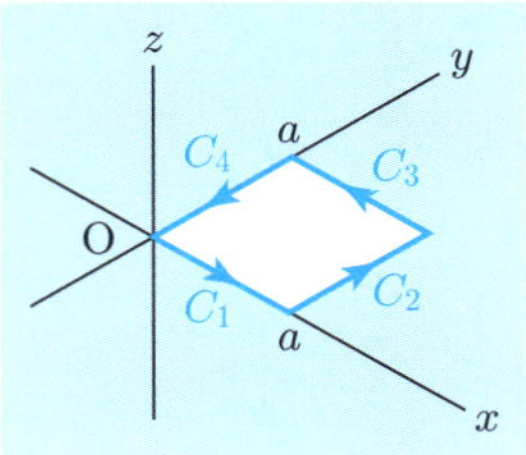

$$\iint_S (\mathrm{rot}\,\boldsymbol{v})\cdot d\boldsymbol{S} = \int_{\partial S} \boldsymbol{v}\cdot d\boldsymbol{r}$$

$$左辺 = \iint_{z=0,0\le x\le a,0\le y\le a} (\mathrm{rot}\,\boldsymbol{v})\cdot d\boldsymbol{S}$$

法線ベクトルは $\boldsymbol{n} = (0,0,1)$ なので，

$$= \iint_{z=0,0\le x\le a,0\le y\le a} (\partial_x v_y - \partial_y v_x) dS$$

$$= \int_0^a dx \int_0^a dy (\partial_x v_y(x,y,0) - \partial_y v_x(x,y,0))$$

平面 $z=0$ の上で，2次元のストークスの定理を適用する

$$= \int_{C_1,C_2,C_3,C_4} \boldsymbol{v}\cdot d\boldsymbol{r} = 右辺$$ ◆

具体的な計算で，ストークスの定理の両辺が等しいことを確かめてみよう．

例題 11.5

円板 $S = \{(x,y,z)\,|\,x^2+y^2 \le 1, z=0\}$ とベクトル場 $\boldsymbol{v} = (x^2+y, x^2+zx, 2y+z)$ について，(11.9) の両辺を計算し，等しいことを確かめよ．

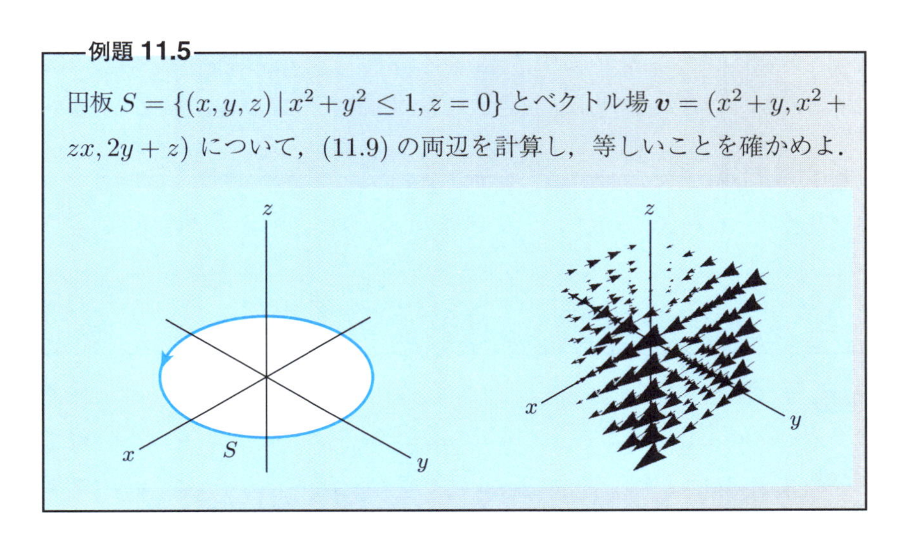

解答 S の境界は $C(t) = (\cos t, \sin t, 0)$ $(0 \leq t \leq 2\pi)$ と表せる．

$$
\begin{aligned}
\text{右辺} &= \int_{x^2+y^2=1,\ z=0} \boldsymbol{v} \cdot d\boldsymbol{r} \\
&= \int_0^{2\pi} (x^2 + y, x^2, 2y) \cdot \frac{d}{dt}(\cos t, \sin t, 0)\, dt \\
&= \int_0^{2\pi} (\cos^2 t + \sin t, \cos^2 t, 2\sin t) \cdot (-\sin t, \cos t, 0)\, dt \\
&= \int_0^{2\pi} (-\sin t \cos^2 t - \sin^2 t + \cos^3 t)\, dt = -\pi \quad \text{（積分計算詳細省略）}
\end{aligned}
$$

S の表は z 正側であり，$\boldsymbol{n} = (0, 0, 1)$ である．

$$
\begin{aligned}
\text{左辺} &= \iint_{x^2+y^2 \leq 1,\ z=0} \operatorname{rot} \boldsymbol{v} \cdot \boldsymbol{n}\, dS = \iint_{x^2+y^2 \leq 1,\ z=0} (\operatorname{rot} \boldsymbol{v})_z\, dS \\
&= \iint_{x^2+y^2 \leq 1,\ z=0} (2x + z - 1) dxdy = -\iint_{x^2+y^2 \leq 1} dxdy = -\pi
\end{aligned}
$$

◆

問　題

11.6 円板 $S = \{(x, y, z) \mid y^2 + z^2 \leq 4, x = 0\}$ とベクトル場 $\boldsymbol{v} = (2y - x, z^2 - 2x, z^2 - y)$ について，(11.9) の両辺を計算し，等しいことを確かめよ．

補足 ベクトル場 $\boldsymbol{v}$ の閉曲線上の線積分は，その閉曲線が囲む曲面上で，$\operatorname{rot} \boldsymbol{v}$ を計算すればよい．曲面の作り方は一意的ではないが，簡単と思われるものをとればよい．

例題 11.6

空間内で $(0, 0, 0), (a, b, 0), (c, d, 0)$ を頂点とする三角形（周囲のみ）を C とする．ただし，z 正側から見て，左回りを正の向きとする．ベクトル場 $\boldsymbol{v} = (z^2 + x, xz^2 + y^2, z + 2y)$ の C 上の線積分 I を求めよ．

解答 C の囲む三角形を S と置く．ストークスの定理より $I = \iint_S \operatorname{rot} \boldsymbol{v} \cdot \boldsymbol{n}\, dS$ となる．$\boldsymbol{n} = (0, 0, 1)$ なので，$\operatorname{rot} \boldsymbol{v} \cdot \boldsymbol{n} = (\operatorname{rot} \boldsymbol{v})_z = 2 - z^2$ となる．S は $z = 0$ 上にあるので，この $-z^2$ は I に寄与しない．よって $I = \iint_{C\ \text{の囲む三角形}} 2\, dS = 2(S\ \text{の面積}) = |ad - bc|$ となる．

◆

問題

11.7 次の曲線 C とベクトル場 $\boldsymbol{v}$ について，$\displaystyle\int_C \boldsymbol{v}\cdot d\boldsymbol{r}$ を求めよ．

(1) C は $(0,0,0),(0,a,b),(0,c,d),(0,a+c,b+d)$ を頂点とする平行四辺形（周囲のみ）．ただし，x 正側から見て，左回りを正の向きとする．ベクトル場 $\boldsymbol{v}=(y^2,z+x,2y+x)$

(2) $C=\{(x,y,z)\,|\,x^2+y^2=9,\ z=0\}$（$z$ 正側から見て左回りが正の向き），$\boldsymbol{v}=(x+y+z,x^2+xz,2y+z)$

(3) $C(t)=(2\cos t,0,3\sin t)\ (0\leq t\leq 2\pi)$,
$\boldsymbol{v}=(2z+zy+zx,y^2+xz,x+y^2)$

p.109 の例題 11.4 を 3 次元に拡張すると，次のようになる．

例題 11.7

空間内の任意の閉曲線 C について $\displaystyle\int_C \boldsymbol{v}\cdot d\boldsymbol{r}=0$ ならば，$\mathrm{rot}\,\boldsymbol{v}=\boldsymbol{0}$ となることを示せ．

解答 仮にある点 P で $(\mathrm{rot}\,\boldsymbol{v})(\mathrm{P})\neq\boldsymbol{0}$ だったとする．P のごく近くの円板 S を，法線が $(\mathrm{rot}\,\boldsymbol{v})(\mathrm{P})$ であるようにとれば，$\mathrm{rot}\,\boldsymbol{v}\cdot d\boldsymbol{S}>0$ であるようにできる．ストークスの定理より

$$0<\iint_S(\mathrm{rot}\,\boldsymbol{v})\cdot d\boldsymbol{S}=\int_{S\text{ の周囲の円環}}\boldsymbol{v}\cdot d\boldsymbol{r}$$

となり，仮定に矛盾する． ◆

渦の面にあわせて閉曲線をとれば，線積分で渦量が表される，ということである．

例題 11.8

次のことを示せ．

$$\iint_{\text{閉曲面 } S} (\mathrm{rot}\, \boldsymbol{v}) \cdot d\boldsymbol{S} = 0$$

証明 ストークスの定理を使うと，

$$\iint_S (\mathrm{rot}\, \boldsymbol{v}) \cdot d\boldsymbol{S} = \int_{\partial S} \boldsymbol{v} \cdot d\boldsymbol{r}$$

となる．閉曲面だから $\partial S = \emptyset$ となり右辺はゼロ．よって左辺もゼロ． ◆

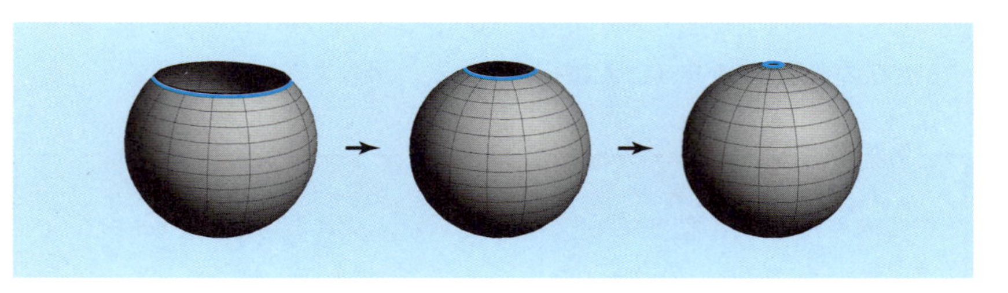

問題

11.8 空間内の曲面 S の境界を ∂S とする．3 次元スカラー場 $f(r)$ について，次のことを示せ．

$$\int_{\partial S} f(r)\boldsymbol{e}_r \cdot d\boldsymbol{r} = 0$$

演習問題

◆**1** 平面上で $r_1 \leq r \leq r_2$, $\theta_1 \leq \theta \leq \theta_2$ と表される領域 D について，ストークスの定理（2 次元）を示せ．

◆**2** 空間内で $r_1 \leq r \leq r_2$, $\theta_1 \leq \theta \leq \theta_2$, $\phi_1 \leq \phi \leq \phi_2$ と表される領域 D について，ストークスの定理（3 次元）を示せ．

◆**3** 空間内で $\rho_1 \leq \rho \leq \rho_2$, $\phi_1 \leq \phi \leq \phi_2$, $z_1 \leq z \leq z_2$ と表される領域 D について，ストークスの定理（3 次元）を示せ．

◆**4　北海道大 応用物理学専攻**（記号をテキストに合わせて変更）

デカルト座標系におけるベクトル場 $\boldsymbol{A} = (A_x, A_y, A_z)$ の各成分を以下のように定義する．

$$A_x = 0, \quad A_y = 0, \quad A_z = -\frac{1}{2}\log(x^2 + y^2)$$

(1)　原点を除く領域で，$\boldsymbol{A}$ の回転により $\boldsymbol{B} = \mathrm{rot}\,\boldsymbol{A}$ と定義されるベクトル場 $\boldsymbol{B}$ の全成分を計算せよ．

(2)　原点を除く領域で，$\boldsymbol{B}$ の回転 $\mathrm{rot}\,\boldsymbol{B}$ と発散 $\mathrm{div}\,\boldsymbol{B}$ を計算せよ．

(3)　xy 平面上にあり原点を中心とする半径 1 の円を考える．これを反時計回りに周回する閉経路 C_1 上で以下のように定義される線積分 I_1 の値を求めよ．

$$I_1 = \int_{C_1} \boldsymbol{B} \cdot d\boldsymbol{r} = \int_0^{2\pi} (-B_x \sin\theta + B_y \cos\theta)\, d\theta$$

ここで，極座標を $(x, y) = (r\cos\theta,\ r\sin\theta)$ と定義し，点 (x, y) における $\boldsymbol{B}$ の x 成分と y 成分を，それぞれ $B_x(x, y)$, $B_y(x, y)$ と表した．

(4)　1 より大きい定数 a について，xy 平面上の 4 点を $(a, -a) \to (a, a) \to (-a, a) \to (-a, -a) \to (a, -a)$ の順に直線で結ぶ閉経路 C_2 上で定義される線積分の値を I_2 とする．

$$I_2 = \int_{C_2} \boldsymbol{B} \cdot d\boldsymbol{r}$$

ストークスの定理により，$I_2 - I_1$ は xy 平面上の閉領域 S 上の面積分により以下のように表せる．

$$I_2 - I_1 = \iint_S (\mathrm{rot}\,\boldsymbol{B})_x\, dS$$

ここで，$(\mathrm{rot}\,\boldsymbol{B})_x$ は $\boldsymbol{B}$ の回転の z 成分を表す．領域 S を図示し，この面積分を実行することにより I_2 の値を求めよ．

(5)　線積分 I_2 を定義に従い積分することにより，ストークスの定理が成立していることを確認せよ．

第12章

ガウスの定理

この章ではベクトル場の発散についてのガウスの定理を扱う．ガウスの名がついた功績は他にもたくさんあるので，区別するためにガウスの発散定理と呼ばれることも多い．領域からの出入りを測る重要な定理である．

12.1　ガウスの定理（2次元）

グリーンの定理 (11.1) の応用として，平面上のベクトル場 $\boldsymbol{v}(\boldsymbol{r}) = (v_x(x,y), v_y(x,y))$ の発散

$$\operatorname{div} \boldsymbol{v} = \frac{\partial v_x}{\partial x} + \frac{\partial v_y}{\partial y} \tag{12.1}$$

の面積分を考える．グリーンの定理において $P = -v_y$, $Q = v_x$ として用いると，

$$\begin{aligned}
&\iint_D \left(\frac{\partial v_x}{\partial x} + \frac{\partial v_y}{\partial y} \right) dxdy = \int_C (-v_y dx + v_x dy) \\
&= \int_C \left(-v_y \frac{dx}{ds} + v_x \frac{dy}{ds} \right) ds = \int_C (v_x, v_y) \cdot \left(\frac{dy}{ds}, -\frac{dx}{ds} \right) ds
\end{aligned}$$

と書き換えられる．$\boldsymbol{n} = \left(\frac{dy}{ds}, -\frac{dx}{ds} \right)$ は曲線 C の単位法ベクトルであるので，次のように書き換えられる．

ガウスの定理（2次元）(Gauss' theorem)

$$\iint_D \operatorname{div} \boldsymbol{v}\, dS = \int_C (\boldsymbol{v} \cdot \boldsymbol{n}) ds \tag{12.2}$$

(12.2) の右辺は，ベクトル場 $\boldsymbol{v}$ に対して，領域の境界に垂直な成分を足し合わせたものである（領域の外向きを正とする）．隣り合った正方形領域をつなぎ合わせると，下図のように，重なった部分の線積分はキャンセルして，繋がった領域の境界上での線積分となる．

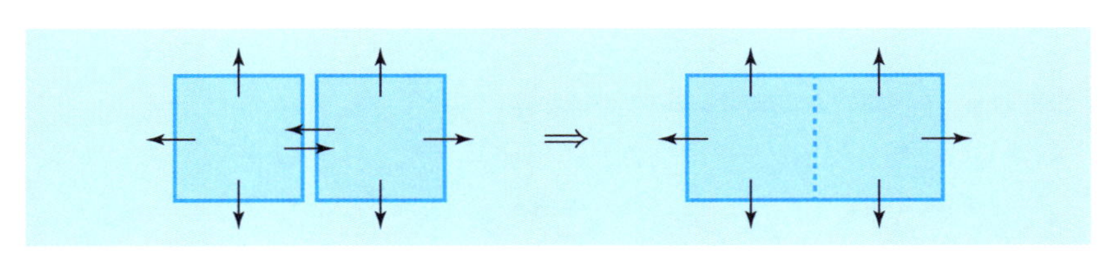

よって，(12.2) の左辺，右辺は，それぞれ次のように意味付けができる．

- (12.2) の左辺 ＝ 領域 D 内での湧き出し量の総和
- (12.2) の右辺 ＝ 境界 C を通る正味の流出量

つまり，公式 (12.2) は，次のように物理的な言葉で理解できる．

D の内部での湧き出しの総和
＝ C を通って出て行った量 － C を通って入ってきた量

具体的な計算で，ガウスの定理の両辺が等しいことを確かめよう．

例題 12.1

座標平面上の円 C を，$(x, y) = (a\cos t, a\sin t)$ $(0 \leq t \leq 2\pi)$ で表す．C の内部領域を D とする（境界を含む）．次のベクトル場に対して，$\iint_D \operatorname{div} \boldsymbol{v}\, dS$, $\int_C (\boldsymbol{v} \cdot \boldsymbol{n}) ds$ をそれぞれ計算し，(12.2) が成立することを確認せよ．

(1)　$\boldsymbol{v} = (x, y)$　　(2)　$\boldsymbol{v} = (x^2, y^2)$

解答　(1)　左辺 $= \displaystyle\iint_{x^2+y^2 \leq a^2} 2\, dS = 2\pi a^2$,

右辺 $= \displaystyle\int_0^{2\pi} (a\cos t, a\sin t) \cdot (\cos t, \sin t) a\, dt = \int_0^{2\pi} a^2\, dt = 2\pi a^2$

(2)　$\text{左辺} = \iint_{x^2+y^2 \leq a^2} (2x+2y)\,dS = 0$

$$\text{右辺} = \int_0^{2\pi} (a^2\cos^2 t, a^2\sin^2 t)\cdot(\cos t, \sin t)a\,dt$$

$$= a^3 \int_0^{2\pi} (\cos^3 t + \sin^3 t)\,dt = 0$$

◆

問　題

12.1 次の領域 D と，ベクトル場 $\boldsymbol{v}$ について，(12.2) の両辺を計算して，等しいことを確かめよ．

(1)　$D: 0 \leq x \leq 1,\ 0 \leq y \leq 1,\ \boldsymbol{v} = (-y, x)$

(2)　$D: 0 \leq x,\ 0 \leq y,\ x+y \leq 1,\ \boldsymbol{v} = (x+y, x+y)$

例題 12.2

水の流れを毎秒単位面積あたり $\boldsymbol{v} = (x, y)$ とするとき，原点を重心とする一辺の長さ a の正三角形から毎秒流れ出る水量を求めよ．

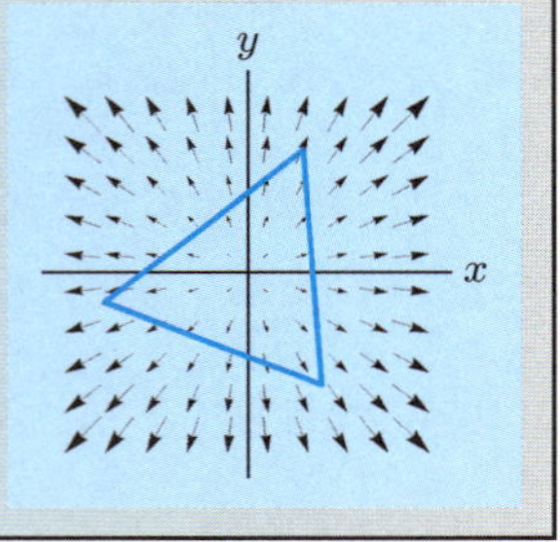

解答　$\displaystyle\int_{\text{正三角形の周囲}} (\boldsymbol{v}\cdot\boldsymbol{n})\,ds \underset{\text{ガウス}}{=} \iint_{\text{正三角形の内部}} (\operatorname{div}\boldsymbol{v})\,dS$

$$= \iint_{\text{正三角形の内部}} 2\,dS = 2\frac{\sqrt{3}}{4}a^2 = \frac{\sqrt{3}}{2}a^2$$

◆

問　題

12.2 次の閉曲線 C とベクトル場 $\boldsymbol{v}$ について，法線線積分を求めよ．

(1)　$C: 2x^2 + 3y^2 = 6,\ \boldsymbol{v} = (2x, 3y)$

(2)　$C: (0,0), (a,b), (c,d)$ を頂点とする三角形，$\boldsymbol{v} = (x-y, y-x)$

(3)　C は 2 本の曲線 $(t - \sin t, \pm(1-\cos t))$ $(0 \leq t \leq 2\pi)$ を合わせた曲線，$\boldsymbol{v} = (2x + xy, y)$

例題 12.3

平面上の開領域 D の境界 ∂D 上での，その外向き法線ベクトル $\boldsymbol{n}$ とする．次のことを示せ．

$$\int_{\partial D} \frac{1}{r}\boldsymbol{e}_r \cdot \boldsymbol{n}\, ds = \begin{cases} 0 & (0,0) \notin D \cdots (1) \\ 2\pi & (0,0) \in D \cdots (2) \end{cases}$$

解答 (1) は問題に譲り，ここでは (1) を仮定して (2) を証明する．$(0,0) \in D$ のときは，図のように十分小さな半径 a を除いた領域 D' を考える．

$$0 = \int_{\partial D'} \frac{1}{r}\boldsymbol{e}_r \cdot \boldsymbol{n}\, ds = \int_{\partial D} \frac{1}{r}\boldsymbol{e}_r \cdot \boldsymbol{n}\, ds - \int_{x^2+y^2=a^2} \frac{1}{r}\boldsymbol{e}_r \cdot \boldsymbol{n}\, ds$$

となる．最初の等号は (1) を使った．右辺第 2 項がマイナスなのは，D' の境界としては右回りが正で，円単独に線積分するときは左回りが正である．よって

$$\text{右辺第 2 項} = -\frac{1}{a}\int_{x^2+y^2=a^2} ds = -2\pi$$

となり，(2) が示せた．

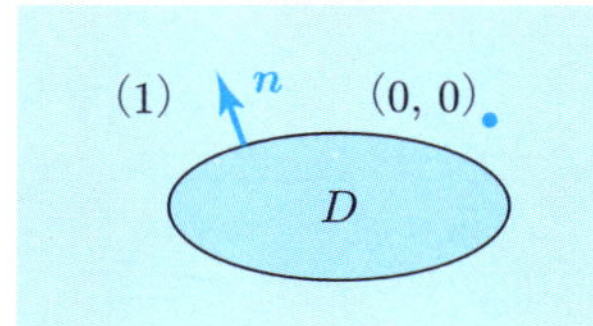

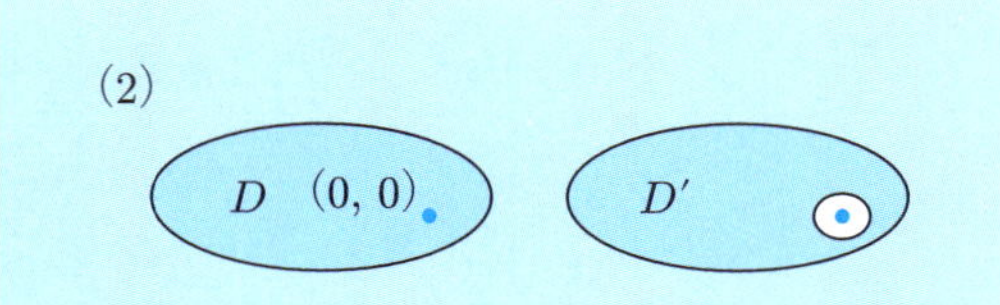

補足　穴のある領域の境界は外側と内側の 2 つがあり，外側は通常通り左回りだが，内側は右回りと考える．これは「領域を左に見ながら回る」のが境界の正の向き，という意味である． ◆

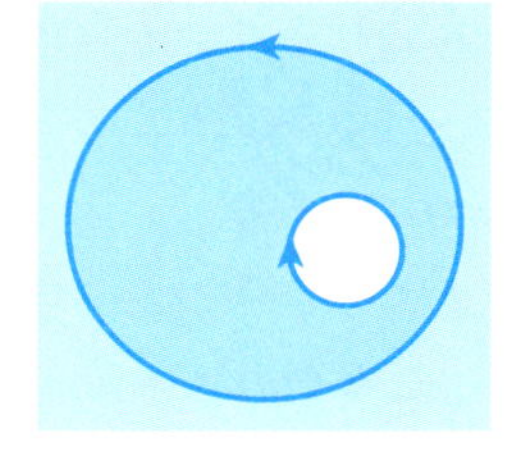

問　題

12.3 原点を含まない領域 D とその外向き法線ベクトル $\boldsymbol{n}$ に対し，次のことを示せ.

$$\int_{\partial D} \frac{1}{r}\boldsymbol{e}_r \cdot \boldsymbol{n}\, ds = 0$$

12.4 xy 平面上の調和関数 f と，閉曲線 C について，次のことを示せ.

$$\int_C (\mathrm{grad}\, f \cdot \boldsymbol{n})\, ds = 0 \quad (\boldsymbol{n} \text{ は } C \text{ の外向き法線ベクトル})$$

12.2　ガウスの定理（3 次元）

前節での (12.2) を空間の場合に拡張しよう.

xyz 空間において閉曲面 S で囲まれた領域 D での積分を考える．この D 上で微分可能な $\boldsymbol{v}(x, y, z)$ について，次のことが成り立つ.

ガウスの定理（3 次元）

$$\iiint_D \mathrm{div}\, \boldsymbol{v}\, dV = \iint_S (\boldsymbol{v} \cdot \boldsymbol{n}) dS \qquad (12.3)$$

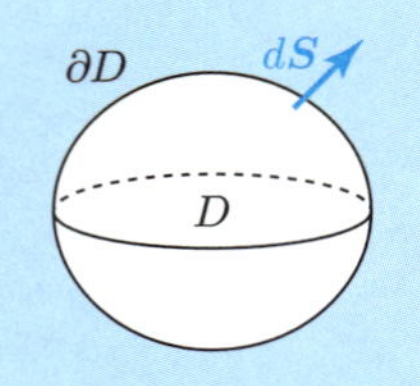

- 左辺はスカラー場（$\mathrm{div}\, \boldsymbol{v}$）の体積分（微積分で習った 3 重積分）である.
- 右辺はベクトル場の面積分（ベクトル場の法線方向成分を足し上げたもの）である.
- D に特異点がある場合は適用不可.
- $\boldsymbol{v}$ の発散の体積分は，境界上で $\boldsymbol{v}$ を面積分したものに等しい，という主張である.
- 領域 D 内で湧き出した水量は，領域 D から出て行った水量に等しい，という主張である.

ガウスの定理（3 次元）の証明

曲面 S を右図のように，立方体の集まり $(D_1, \cdots, D_n)$ で近似する．仮に立方体で，(12.3) が成立するとしよう．

$$\iiint_{D_k} (\operatorname{div} \boldsymbol{v})\, dV = \iint_{\partial D_k} \boldsymbol{v} \cdot d\boldsymbol{S} \quad (k = 1, \cdots, n)$$

その等式を全て足せば，左辺の合計は，領域の足し算で (12.3) の左辺となる．

$$\sum_{k=1}^{n} \iiint_{D_k} (\operatorname{div} \boldsymbol{v})\, dV \to \iiint_{D} (\operatorname{div} \boldsymbol{v})\, dV$$

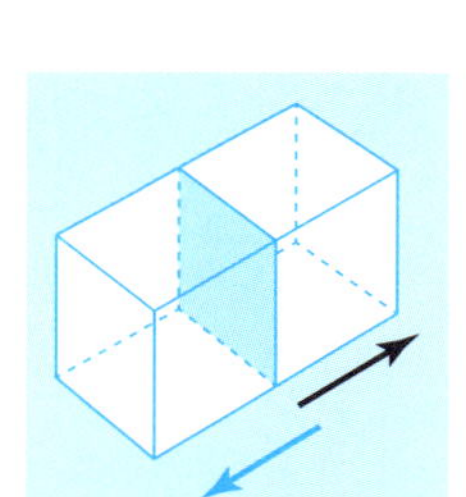

右辺の合計は，2 つの立方体で共有する面での面積分は相殺し，残るのは周囲だけになり，(12.3) の右辺となる．

$$\sum_{k=1}^{n} \iint_{\partial D_k} \boldsymbol{v} \cdot d\boldsymbol{S} \to \iint_{\partial D} \boldsymbol{v} \cdot d\boldsymbol{S}$$

よって立方体で (12.3) を証明すれば十分である．

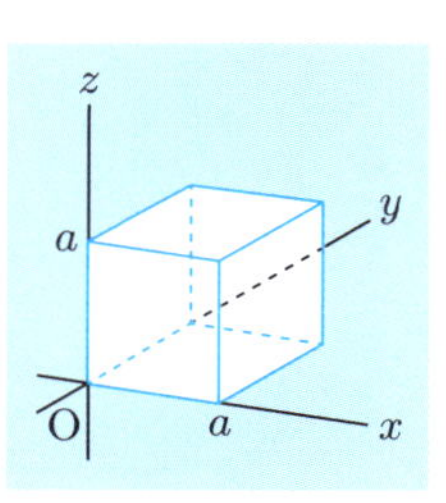

右図のように立方体に沿って軸をとり，これについて次のことを示す．

$$\iiint_{D} (\operatorname{div} \boldsymbol{v})\, dV = \iint_{\partial D} \boldsymbol{v} \cdot d\boldsymbol{S}$$

$$左辺 = \int_0^a dx \int_0^a dy \int_0^a dz (\partial_x v_x + \partial_y v_y + \partial_z v_z),$$

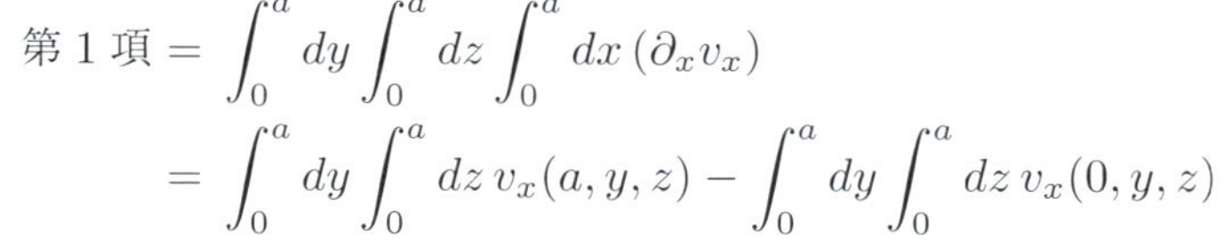

$$\begin{aligned}
第 1 項 &= \int_0^a dy \int_0^a dz \int_0^a dx\, (\partial_x v_x) \\
&= \int_0^a dy \int_0^a dz\, v_x(a, y, z) - \int_0^a dy \int_0^a dz\, v_x(0, y, z) \\
&= 立方体の\ x = a\ 面の面積分 + 立方体の\ x = 0\ 面の面積分
\end{aligned}$$

同様にして，

$$\text{第 2 項} = \text{立方体の } y = a \text{ 面の面積分} + \text{立方体の } y = 0 \text{ 面の面積分},$$

$$\text{第 3 項} = \text{立方体の } z = a \text{ 面の面積分} + \text{立方体の } z = 0 \text{ 面の面積分}$$

となり，左辺＝右辺となる. ◆

証明が終わったところで，具体的な例で，両辺が等しいことを確認して，定理の内容を実感しよう.

例題 12.4

領域 $D: x^2+y^2 \leq a^2, 0 \leq z \leq h$，ベクトル場 $\boldsymbol{v}=(x,y,z)$ について，(12.3) の両辺を計算し，等しいことを確かめよ.

解答

$$\text{左辺} = \iiint_D (\operatorname{div} \boldsymbol{v}) dV = \iiint_{x^2+y^2 \leq a^2,\ 0 \leq z \leq h} 3\, dV = 3\pi a^2 h$$

$$\begin{aligned}
\text{右辺} &= \iint_{x^2+y^2=a^2,\ 0\leq z\leq h} \boldsymbol{v}\cdot d\boldsymbol{S} + \iint_{x^2+y^2\leq a^2,\ z=0} \boldsymbol{v}\cdot d\boldsymbol{S} \\
&\quad + \iint_{x^2+y^2\leq a^2,\ z=h} \boldsymbol{v}\cdot d\boldsymbol{S} \\
&= \iint_{x^2+y^2=a^2,\ 0\leq z\leq h} \frac{(x,y,z)\cdot(x,y,0)}{a}\, dS \\
&\quad + \iint_{x^2+y^2\leq a^2,\ z=0} (x,y,0)\cdot(0,0,-1)\, dS \\
&\quad + \iint_{x^2+y^2\leq a^2,\ z=h} (x,y,h)\cdot(0,0,1)\, dS \\
&= \iint_{x^2+y^2=a^2,\ 0\leq z\leq h} a\, dS + \iint_{x^2+y^2\leq a^2,\ z=h} h\, dS \\
&= a 2\pi a h + h\pi a^2 = 3\pi a^2 h
\end{aligned}$$

補足　この例題では，左辺の方が計算が簡単であった．これは $\operatorname{div} \boldsymbol{v}$ が簡単であったこと，∂D が 3 つの面で構成されていたこと，が原因であろう. ◆

問　題

12.5 領域 $D: x^2+y^2+z^2 \leq a^2$，ベクトル場 $\boldsymbol{v}=(x,y,z)$ について，(12.3) の両辺を計算し，等しいことを確かめよ.

例題 12.5

球面 $S: x^2+y^2+z^2=1$ で，ベクトル場 $\boldsymbol{v}=(x^3,y^3,z^3)$ を面積分せよ．

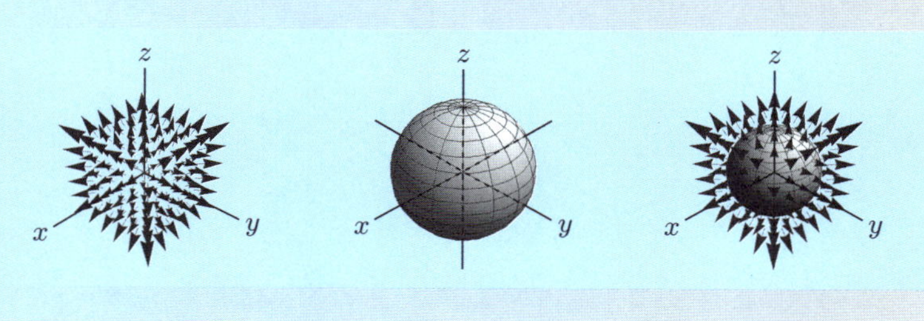

解答

$$
\begin{aligned}
I &= \iint_{x^2+y^2+z^2=1} \boldsymbol{v}\cdot d\boldsymbol{S} \\
&\underset{\text{ガウス}}{=} \iiint_{x^2+y^2+z^2\le 1} (\operatorname{div}\boldsymbol{v})\,dxdydz \\
&= \iiint_{x^2+y^2+z^2\le 1} 3(x^2+y^2+z^2)\,dxdydz \\
&= \int_0^1 dr \int_0^{\pi} d\theta \int_0^{2\pi} d\phi\, 3r^2\ r^2\sin\theta \\
&= 3\cdot\frac{1}{5}\cdot 2\cdot 2\pi = \frac{12}{5}\pi
\end{aligned}
$$

もちろん，下記のように直接，面積分を計算しても値は同じである．ただ，計算の煩雑さは異なる．

別解

$$
\begin{aligned}
&\iint_{x^2+y^2+z^2=1} \boldsymbol{v}\cdot d\boldsymbol{S} \\
&= \iint_{x^2+y^2+z^2=1} (x^3,y^3,z^3)\cdot(x,y,z)(\sin\theta\,d\theta d\phi) \\
&= \int_0^{\pi} d\theta \int_0^{2\pi} d\phi\ (x^4+y^4+z^4)\sin\theta \\
&= \int_0^{\pi} d\theta \int_0^{2\pi} d\phi\ (\sin^5\theta\cos^4\phi+\sin^5\theta\sin^4\phi+\sin\theta\cos^4\theta) \\
&= \frac{12}{5}\pi \quad \text{（積分計算詳細省略）}
\end{aligned}
$$

◆

問 題

12.6 次の曲面 S で，ベクトル場 $\boldsymbol{v}$ を面積分せよ．

(1) $S: x^2+y^2+z^2=1,\ \boldsymbol{v}=(ax,by,cz)$

(2) $S: x^2+y^2+z^2=4,\ \boldsymbol{v}=\left(\dfrac{x^3}{3}+y, \dfrac{y^3}{3}+z, \dfrac{z^3}{3}+x\right)$

(3) $S: \dfrac{x^2}{a^2}+\dfrac{y^2}{b^2}+\dfrac{z^2}{c^2}=1,\ \boldsymbol{v}=(x+y+z, x+y+z, x+y+z)$

(4) $S: y^2+z^2=1,\ -1\leq x\leq 1,$
$\boldsymbol{v}=(x(x+y+z), y(x+y+z), z(x+y+z))$

(5) 原点を中心とする一辺の長さ a の正四面体の表面を S，$\boldsymbol{v}=\dfrac{(x,y,z)}{3}$

次にガウスの定理を使った抽象的な扱いをする．次の例題は例題 12.3 (p.119) の 3 次元拡張である．

例題 12.6

D は空間内の開領域とする．次の (1), (2) の場合について示せ．

$$\iint_{\partial D}\frac{1}{r^2}\boldsymbol{e}_r\cdot d\boldsymbol{S}=\begin{cases}0 & (0,0,0)\notin D\cdots(1)\\ 4\pi & (0,0,0)\in D\cdots(2)\end{cases}$$

解答 (1) ガウスの定理を使うと，

$$\iint_{\partial D}\frac{1}{r^2}\boldsymbol{e}_r\cdot d\boldsymbol{S}=\iiint_D\left(\operatorname{div}\frac{1}{r^2}\boldsymbol{e}_r\right)dV$$

が成り立つ．p.81 の球座標での発散の公式

$$\operatorname{div}\boldsymbol{v}=\frac{1}{r^2}\frac{\partial}{\partial r}(r^2v_r)+\frac{1}{r\sin\theta}\frac{\partial}{\partial\theta}(\sin\theta v_\theta)+\frac{1}{r\sin\theta}\frac{\partial v_\phi}{\partial\phi}$$

より，$\operatorname{div}\frac{1}{r^2}\boldsymbol{e}_r=\boldsymbol{0}$ となるので，右辺はゼロ．よって左辺もゼロ．

(2) D から原点を中心にした十分小さい半径 a の内部を取り除いた D' を考える．

$$0=\iint_{\partial D'}\frac{1}{r^2}\boldsymbol{e}_r\cdot d\boldsymbol{S}=\iint_{\partial D}\frac{1}{r^2}\boldsymbol{e}_r\cdot d\boldsymbol{S}-\iint_{x^2+y^2+z^2=a^2}\frac{1}{r^2}\boldsymbol{e}_r\cdot d\boldsymbol{S}$$

となる．最初の等号は (1) を使った．右辺第 2 項がマイナスなのは，D' の境界としては原点の向きが外向きであるが，球単独に線積分するときは原点の向きと反対が外

向きである．よって

$$\text{右辺第 2 項} = -\frac{1}{a^2}\iint_{x^2+y^2+z^2=a^2} dS = -4\pi$$

となり，(2) が示せた． ◆

穴のある領域の境界は外側と内側の 2 つの面があり，外側の面の表は通常通り外向きだが，内側の面の表は全体図としては内側と考える．これは「領域の中から外へ向かうのが表向き法線ベクトル」という意味である．

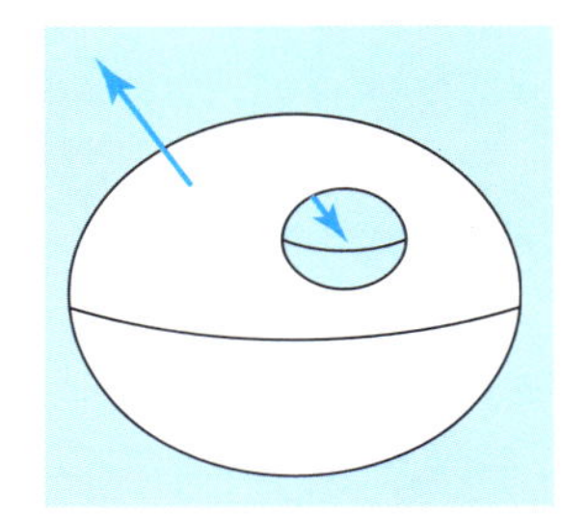

例題 12.7

3 次元ベクトル場 $\boldsymbol{v}$ が，任意の閉曲面 S について $\iint_S \boldsymbol{v}\cdot d\boldsymbol{S} = 0$ となるならば，$\operatorname{div}\boldsymbol{v} = 0$ となることを示せ．

解答 仮にある点 P で，$\operatorname{div}\boldsymbol{v} > 0$ であったとする．（負であった場合も同様．）P を含む微小な球面 S とその内部で $\operatorname{div}\boldsymbol{v} > 0$ であるように S をとれる．ガウスの定理（3 次元）より，

$$0 < \iiint_{S\text{ の中身}} \operatorname{div}\boldsymbol{v}\, dV = \iint_S \boldsymbol{v}\cdot d\boldsymbol{S}$$

となり，仮定に矛盾する． ◆

例題 12.7 は「どんな閉曲面からも湧き出さないのであれば，どこでも発散はゼロである.」という意味になる．

問　題

12.7 3 次元空間内の閉曲面 S と連続なベクトル場 $\boldsymbol{v}$ について，次のことを示せ．

$$\iint_S (\operatorname{rot}\boldsymbol{v})\cdot d\boldsymbol{S} = 0$$

これは問題として，例題 11.8 (p.114) と同じである．ここではガウスの定理を使って示して欲しい．

演習問題

◆**1**　平面上で，$r_1 \leq r \leq r_2,\ \theta_1 \leq \theta \leq \theta_2$ と表される領域で，ガウスの定理（2 次元）を証明せよ．

◆**2**　平面上で，$y=0,\ x=1,\ y=x\tan\alpha$ の 3 本の直線からできる三角形を C とする．ベクトル場 $\frac{1}{r}\boldsymbol{e}_r$ の C 上の法線線積分を求めよ．

◆**3**　空間内で，$r_1 \leq r \leq r_2,\ \theta_1 \leq \theta \leq \theta_2,\ \phi_1 \leq \phi \leq \phi_2$ と表される領域で，ガウスの定理（3 次元）を証明せよ．

◆**4**　空間内で，$\rho_1 \leq \rho \leq \rho_2,\ \phi_1 \leq \phi \leq \phi_2,\ z_1 \leq z \leq z_2$ と表される領域で，ガウスの定理（3 次元）を証明せよ．

◆**5**　**山形大 電気電子工学専攻**

ガウスの発散定理によると，ベクトル場 $\boldsymbol{B}$ について閉曲面 S で囲まれた領域を体積 V とすると，

$$\iint_S \boldsymbol{V}\cdot\boldsymbol{n}\,dS = \iiint_V \operatorname{div}\boldsymbol{B}\,dV$$

の関係式が成り立つ．S の単位法線ベクトル $\boldsymbol{n}$ は，S の内部から外部に向かうとする．x, y, z 軸の正の向きを持つ単位ベクトルを $\boldsymbol{i}, \boldsymbol{j}, \boldsymbol{k}$ とする．以下の問いに答えよ．

(1)　ベクトル場を $\boldsymbol{r}_1 = x\,\boldsymbol{i} + y\,\boldsymbol{j} + z\,\boldsymbol{k}$ とするとき，$\iint_S \boldsymbol{r}_1\cdot\boldsymbol{n}\,dS$ を求めよ．

(2)　ベクトル場を $\boldsymbol{r}_2 = ax\,\boldsymbol{i} + by\,\boldsymbol{j} + cz\,\boldsymbol{k}$ とするとき，$\iint_S \boldsymbol{r}_2\cdot\boldsymbol{n}\,dS$ を求めよ．ただし a, b, c は定数とする．

◆**6**　**金沢大 機械科学・電子情報工学・環境デザイン学**

ベクトル場 $\boldsymbol{A} = \big(x(y-z)+z^2,\ y(z-x)+x^2,\ z(x-y)+y^2\big)$ と 2 つの曲面 $S = \{(x,y,z)\,|\,x^2+y^2+z^2=1,\ z>0\}$ と $D = \{(x,y,0)\,|\,x^2+y^2 \leq 1\}$ を考える．次の問いに答えよ

(1)　$\operatorname{div}\boldsymbol{A}$ と $\operatorname{rot}\boldsymbol{A}$ を求めよ．

(2)　S と D，それぞれの単位法線ベクトルで z 成分が正であるものを求めよ．

(3)　面積分 $\iint_S \boldsymbol{A}\cdot\boldsymbol{n}\,dS$ の値を求めよ．ただし，$\boldsymbol{n}$ は (2) で求めた S 上の単位法線ベクトルである．

◆**7**　**金沢大 機械科学・電子情報工学・環境デザイン学**

関数 $f(x,y,z) = x^2+y^2-(1-z)^2$ に対し，円錐 $V = \{(x,y,z)\,|\,0 \leq z \leq 1,\ f(x,y,z) \leq 0\}$ とベクトル場 $\boldsymbol{u} = (zf(x,y,z),\ zf(x,y,z),\ f(x,y,z)+1)$ を考える．また，V の底面 $S_1 = \{(x,y,0)\,|\,x^2+y^2 \leq 1\}$ と側面 $S_2 = \{(x,y,z)\,|\,0 \leq z \leq 1,\ f(x,y,z)=0\}$ を考え，$S = S_1 \cup S_2$ とし，$\boldsymbol{n}$ を S の外向き単位法線ベクトルとする．次の問いに答えよ．

(1) S_1 の面積と V の体積を求めよ．また，$\iint_S (x,y,z)\cdot\boldsymbol{n}\,dS$ の値を求めよ．

(2) S_1 における $\boldsymbol{n}$ を求めよ．S_2 における $\boldsymbol{n}$ の z 成分は定数であることを示せ．

(3) S_2 における $\boldsymbol{u}$ および S_2 の面積を求めよ．さらに，積分 $\iiint_V \operatorname{div}\boldsymbol{u}\,dV$ の値を求めよ．

◆**8** 東北大 機械・知能系

S を 3 次元空間中のなめらかな閉曲面，$\boldsymbol{n}$ を S 上の外向き単位法線ベクトル，r を原点と点 (x,y,z) との間の距離とする．以下の問いに答えよ．

(1) $r\neq 0$ のとき，$\nabla\left(\dfrac{1}{r}\right)$ を求めよ．

(2) $r\neq 0$ のとき，$\nabla^2\left(\dfrac{1}{r}\right)$ を求めよ．

(3) 原点が S の外部にあるとき，次の積分

$$\iint_S \nabla\left(\frac{1}{r}\right)\cdot\boldsymbol{n}\,dS$$

の値を求めよ．

(4) 原点が S の内部にあるとき，次の積分

$$\iint_S \nabla\left(\frac{1}{r}\right)\cdot\boldsymbol{n}\,dS$$

の値を求めよ．

◆**9** 3 次元のスカラー場 f, g と 3 次元領域 D について次のことを示せ．

$$\iiint_D (f\nabla^2 g - g\nabla^2 f)\,dV = \iint_{\partial D} (f\operatorname{grad} g - g\operatorname{grad} f)\cdot d\boldsymbol{S}$$

第13章

ポテンシャル

重力は位置エネルギーを用いると，整理がつきやすいことがある．この位置エネルギーを重力ポテンシャルという．一般に，力の場があったとき，それを生み出すのがポテンシャルである．

簡単に言うとポテンシャルの微分が力になるので，力からポテンシャルを求めるのは積分という作業になる．

13.1　スカラーポテンシャル（2次元）

9章の例題9.2で扱った $\mathrm{rot}\,\mathrm{grad}\,f=0$ という公式があった．よって $\boldsymbol{v}=\mathrm{grad}\,f$ と書けるときは，$\mathrm{rot}\,\boldsymbol{v}=0$ となることが分かる．実はこの逆も正しい．つまり $\mathrm{rot}\,\boldsymbol{v}=0$ であれば，$\boldsymbol{v}=\mathrm{grad}\,f$ と書ける．より詳しく言うと次のようなことになる．

2次元の保存場

ベクトル場 $\boldsymbol{v}$ について，次の3条件は必要十分である．

(1)　あるスカラー場 f が存在して $\boldsymbol{v}=\mathrm{grad}\,f$ となる

(2)　$\mathrm{rot}\,\boldsymbol{v}=0$

(3)　任意の閉曲線 C について $\displaystyle\int_C \boldsymbol{v}\cdot d\boldsymbol{r}=0$

どれかが成立するとき**保存場** (conservative field) といい，f を**スカラーポテンシャル** (scalar potential) という．

(1) ⇒ (2) は前述のように，p.86 で示した公式 $\mathrm{rot}\,\mathrm{grad}\,f=0$ そのもので

ある．

(1) ⇒ (3) は p.97 で示した $\int_{閉曲線} \mathrm{grad}\, f(x,y) \cdot d\boldsymbol{r} = 0$ のことである．

(3) ⇒ (2) は，グリーンの定理を使って示した例題 11.4 (p.109) を使うことで示せる．

(2) ⇒ (1) は，少し難しい．次の例題で示す．これが示されれば，証明は完了する．

例題 13.1

$\mathrm{rot}\, \boldsymbol{v} = 0$ であれば，あるスカラー場 f が存在して $\boldsymbol{v} = \mathrm{grad}\, f$ となることを示せ．

解答　$f(x,y) = \displaystyle\int_0^x v_x(t,0)\, dt + \int_0^y v_y(x,t)\, dt$ とすると，

$$
\begin{aligned}
\frac{\partial f}{\partial x} &= v_x(x,0) + \int_0^y \frac{\partial v_y}{\partial x}(x,t)\, dt \\
&= v_x(x,0) + \int_0^y \frac{\partial v_x}{\partial y}(x,t)\, dt \\
&\qquad \left(\frac{\partial v_y}{\partial x} - \frac{\partial v_x}{\partial y} = 0 \text{ を使った} \right) \\
&= v_x(x,0) + v_x(x,y) - v_x(x,0) = v_x(x,y), \\
\frac{\partial f}{\partial y} &= v_y(x,y)
\end{aligned}
$$

となり，$\boldsymbol{v} = \mathrm{grad}\, f$ となる．◆

この解答中に登場した積分

$$
\int_0^x v_x(t,0)\, dt + \int_0^y v_y(x,t)\, dt \qquad (13.1)
$$

は右図のような経路で $\boldsymbol{v}$ を線積分したものである．

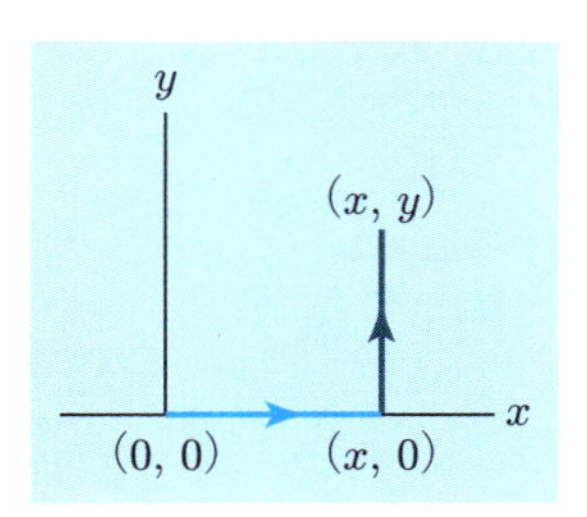

次の例題で示すように，保存場からスカラーポテンシャルを求める計算は，この経路である必要はない．また始点も (0,0) でなくても定点ならばよい．

例題 13.2

保存場 $\boldsymbol{v}$ に対し，$f(x,y) = \int_C \boldsymbol{v} \cdot d\boldsymbol{r}$ と置くと，$\mathrm{grad}\, f = \boldsymbol{v}$ となることを示せ．ただし，曲線 C の終点は (x,y) で，始点は（x,y によらない）定点 (a,b)．

解答 $\boldsymbol{v}$ は保存場なので，$\boldsymbol{v} = \mathrm{grad}\, f_0$ となる f_0 が存在する．

$$f(x,y) = \int_C \mathrm{grad}\, f_0 \cdot d\boldsymbol{r} = f_0(x,y) - f_0(a,b)$$

両辺の grad をとると，$\mathrm{grad}\, f = \mathrm{grad}\, f_0 = \boldsymbol{v}$

補足　定理や例題では触れなかったが，この線積分が可能でなくてはならない．途中に特異点がある場合は不可である．正確には凸領域で連続であればよい．◆

また次のことも容易に分かる．

例題 13.3

保存場 $\boldsymbol{v}$ に対して，$\mathrm{grad}\, f = \boldsymbol{v}$ となるスカラーポテンシャル f は定数を除いて一意的に決まることを示せ．

解答 $\mathrm{grad}\, f_1 = \mathrm{grad}\, f_2$ とすると $\mathrm{grad}\,(f_1 - f_2) = 0$ となり $f_1 - f_2 =$ 定数．

補足　ポテンシャルは勾配，変化率が重要なのであって，その絶対値は意味を持たない，ということである．ポテンシャルを求めて答えるときに，“+定数” という記述が必要かもしれないが，省略してよいことにする．不定積分の “+定数” を省略するのと同じである．◆

物理的な意味　次にポテンシャルの物理的な意味を考えよう．質点にかかる力が保存場のとき，保存するエネルギーが存在する，と解釈できる．

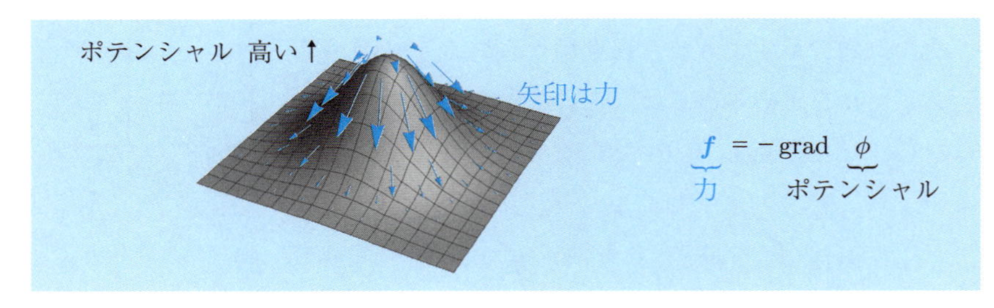

山の勾配による重力は保存場で，運動エネルギーと重力ポテンシャル（位置エネルギー）の和が保存するのである．

$$0 = \partial_t \Bigg(\underbrace{\frac{1}{2}mv^2}_{\text{運動エネルギー}} + \underbrace{\phi}_{\text{ポテンシャルエネルギー}} \Bigg)$$

$$= m\boldsymbol{v} \cdot \partial_t \boldsymbol{v} + \underbrace{\boldsymbol{v} \cdot (\operatorname{grad} \phi)}_{\partial_t \phi} = \boldsymbol{v} \cdot \underbrace{(m\partial_t \boldsymbol{v} + \operatorname{grad} \phi)}_{\text{運動方程式}}$$

次にスカラーポテンシャルを使った計算をする．

例題 13.4

平面上のベクトル場 $\boldsymbol{v} = (2x, 2y)$ について．

(1)　保存場であることを示せ．

(2)　$\operatorname{grad} f = \boldsymbol{v}$ となるスカラー場 f を求めよ．

(3)　曲線 $C : (t - \sin t, 1 - \cos t)$ $(0 \leq t \leq 2\pi)$ として，$\displaystyle\int_C \boldsymbol{v} \cdot d\boldsymbol{r}$ を求めよ．

解答　(1)　$\operatorname{rot} \boldsymbol{v} = 2 - 2 = 0$ なので保存場．

(2)　$$f(x, y) \underset{(13.1)}{=} \int_0^x v_x(t, 0)\, dt + \int_0^y v_y(x, t)\, dt \text{（+ 定数）}$$

$$= \int_0^x 2t\, dt + \int_0^y 2t\, dt = x^2 + y^2 \text{（+ 定数）}$$

（偏微分して，$\partial_x f = v_x$，$\partial_y f = v_y$ を確かめよう．）

(3)　$$\text{与式} \underset{(2)}{=} \int_C \operatorname{grad} f \cdot d\boldsymbol{r} \underset{(10.5)}{=} f(\text{終点}) - f(\text{始点})$$

$$= f(2\pi, 0) - f(0, 0) = 4\pi^2$$

保存場の線積分であれば，スカラーポテンシャルの終点と始点の値さえ分かればよい，ということになる．もちろん (3) は従来通りの計算も可能である．

(3) の別解　$$\text{与式} = \int_C \boldsymbol{v} \cdot \boldsymbol{r}'(t)\, dt$$

$$= \int_0^{2\pi} 2(t - \sin t, 1 - \cos t) \cdot (1 - \cos t, \sin t)\, dt$$

$$= 2\int_0^{2\pi} (t - t\cos t + \sin t + \sin t \cos t + \sin t - \cos t \sin t)\, dt$$

$$= 2\int_0^{2\pi} (t - t\cos t + 2\sin t)\,dt$$
$$= 2\left[\frac{t^2}{2} - 3\cos t - t\sin t\right]_0^{2\pi} = 4\pi^2$$
◆

問 題

13.1 ベクトル場 $\boldsymbol{v} = (e^x \cos y, -e^x \sin y)$ について.

(1) 保存場であることを示せ.

(2) $\mathrm{grad}\, f = \boldsymbol{v}$ となるスカラー場 f を求めよ.

(3) 曲線 $C : \boldsymbol{r}(t) = (t\cos t, t\sin t)\ (0 \leq t \leq 2\pi)$ として, $\displaystyle\int_C \boldsymbol{v} \cdot d\boldsymbol{r}$ を求めよ.

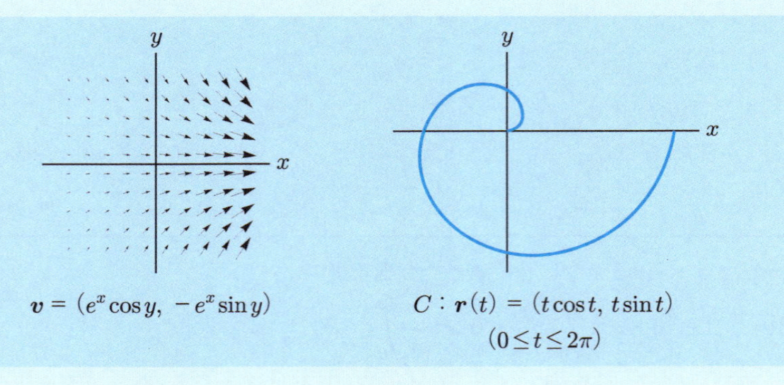

極座標を使ったものもやってみよう. スカラーポテンシャルの計算経路で極座標に適したものを準備しておく.

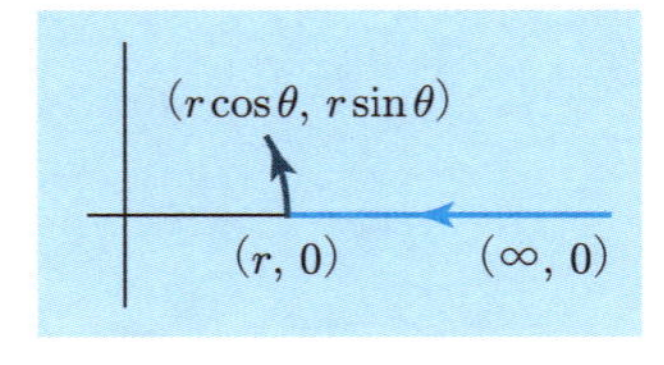

$$\int_\infty^r v_r(t,0)\,dt + \int_0^\theta v_\theta(r,t)\,r\,dt$$

は右図のように $r = \infty, \theta = 0$ から, r, θ に至る経路で $\boldsymbol{v}$ を線積分したものである. 無限遠を始点にしたのは, 無限遠でポテンシャルは 0 という境界条件を課すことが多いからである.

例題 13.5

2 次元ベクトル場 $\boldsymbol{v} = \dfrac{1}{r}\boldsymbol{e}_\theta$ について．

(1)　保存場であることを示せ．

(2)　$\mathrm{grad}\, f = \boldsymbol{v}$ となるスカラー場 f を求めよ．

(3)　曲線 $C : \boldsymbol{r}(t) = (\cosh t, \sinh t)\ (-\infty < t < \infty)$ として，$\displaystyle\int_C \boldsymbol{v}\cdot d\boldsymbol{r}$ を求めよ．

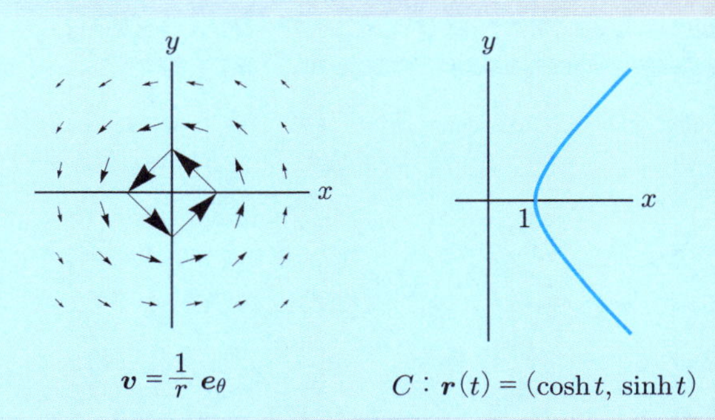

$\boldsymbol{v} = \dfrac{1}{r}\boldsymbol{e}_\theta$　　$C : \boldsymbol{r}(t) = (\cosh t,\ \sinh t)$

解答　(1)　$\mathrm{rot}\,\boldsymbol{v} \underset{(9.2)}{=} \dfrac{\partial v_\theta}{\partial r} - \dfrac{1}{r}\dfrac{\partial v_r}{\partial \theta} + \dfrac{1}{r}v_\theta$

に $v_r = 0,\ v_\theta = \dfrac{1}{r}$ を代入するとゼロになるので保存場である．

(2)　$\displaystyle f = \int_r^\infty v_r(t,\theta)\,dt + \int_0^\theta v_\theta(r,t)\,r\,dt = 0 + \int_0^\theta dt = \theta$

(3)　勾配場の線積分の定理 (p.96) を使う．

$$\int_C \boldsymbol{v}\cdot d\boldsymbol{r} = \theta(C\ の終点) - \theta(C\ の始点) = \frac{\pi}{4} - \left(-\frac{\pi}{4}\right) = \frac{\pi}{2}$$

(3) の補足　直接

$$\int_C \boldsymbol{v}\cdot d\boldsymbol{r} = \int_{-\infty}^{\infty} \left(\frac{-y}{x^2+y^2}, \frac{x}{x^2+y^2}\right)\cdot(\sinh t, \cosh t)\,dt$$
$$= \int_{-\infty}^{\infty} \frac{dt}{2\cosh^2 t - 1}$$

で求めることもできる．　◆

問　題

13.2 2次元ベクトル場 $\boldsymbol{v} = \frac{1}{r}\boldsymbol{e}_r$ について.

(1) 保存場であることを示せ.

(2) $\mathrm{grad}\, f = \boldsymbol{v}$ となるスカラー場 f を求めよ.

(3) 曲線 $C : (e^t \cos t, e^t \sin t)\ (0 \leq t \leq a)$ として, $\displaystyle\int_C \boldsymbol{v} \cdot d\boldsymbol{r}$ を求めよ.

13.2 スカラーポテンシャル（3次元）

2次元の場合と同様に, $\mathrm{rot}\,\mathrm{grad}\, f = \boldsymbol{0}$ が成り立ち, 保存場も同様に考えることができる.

3次元の保存場

ベクトル場 $\boldsymbol{v}$ について, 次の3条件は必要十分である.

(1) あるスカラー場 f が存在して $\boldsymbol{v} = \mathrm{grad}\, f$ となる

(2) $\mathrm{rot}\, \boldsymbol{v} = \boldsymbol{0}$

(3) 任意の閉曲線Cについて $\displaystyle\int_C \boldsymbol{v} \cdot d\boldsymbol{r} = 0$

どれかが成立するとき**保存場**といい, f を**スカラーポテンシャル**という.

証明の流れは2次元の場合と同じである.

(1) ⇒ (2) は p.90 にある公式 $\mathrm{rot}\,\mathrm{grad}\, f = \boldsymbol{0}$ そのものである.

(1) ⇒ (3) は p.100 にある $\int_{閉曲線} \mathrm{grad}\, f(x, y, z) \cdot d\boldsymbol{r} = 0$ のことである.

(3) ⇒ (2) は, ストークスの定理を使って示した例題 11.7 (p.113) を使うことで示せる.

(2) ⇒ (1) は, 少し難しい. 次の例題で示す. これが示されれば, 証明は完了する.

例題 13.6

3次元ベクトル場 $\boldsymbol{v}$ が $\mathrm{rot}\, \boldsymbol{v} = \boldsymbol{0}$ を満たすとき, $\boldsymbol{v} = \mathrm{grad}\, f$ となるスカラー場 f が存在することを示せ.

解答 $f(\boldsymbol{x}, \boldsymbol{y}, \boldsymbol{z}) = \int_0^{\boldsymbol{x}} v_x(t, 0, 0)\, dt + \int_0^{\boldsymbol{y}} v_y(\boldsymbol{x}, t, 0)\, dt + \int_0^{\boldsymbol{z}} v_z(\boldsymbol{x}, \boldsymbol{y}, t)\, dt$
とする．

$$
\begin{aligned}
\partial_x f &= v_x(x,0,0) + \int_0^y \partial_x v_y(x,t,0)dt + \int_0^z \partial_x v_z(x,y,t)dt \\
&= v_x(x,0,0) + \int_0^y \partial_y v_x(x,t,0)dt + \int_0^z \partial_z v_x(x,y,t)dt \\
&= v_x(x,0,0) + v_x(x,y,0) - v_x(x,0,0) + v_x(x,y,z) - v_x(x,y,0) \\
&= v_x(x,y,z), \\
\partial_y f &= v_y(x,y,0) + \int_0^z \partial_y v_z(x,y,t)dt \\
&= v_y(x,y,0) + \int_0^z \partial_z v_y(x,y,t)dt \\
&= v_y(x,y,0) + v_y(x,y,z) - v_y(x,y,0) = v_y(x,y,z), \\
\partial_z f &= v_z(x,y,z)
\end{aligned}
$$

よって $\mathrm{grad}\, f = \boldsymbol{v}$ となる． ◆

補足　解答の最初に出てくる積分は右図のような経路で，$\boldsymbol{v}$ を線積分したものである．

$$
\begin{aligned}
f(x,y,z) = &\int_0^x v_x(t,0,0)\, dt \\
&+ \int_0^y v_y(x,t,0)\, dt \\
&+ \int_0^z v_z(x,y,t)\, dt \qquad (13.2)
\end{aligned}
$$

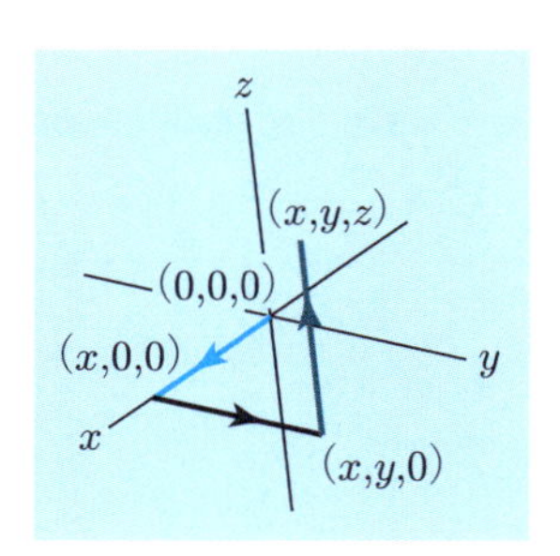

例題 13.7

保存場 $\boldsymbol{v}$ に対し，$f(x,y,z) = \int_C \boldsymbol{v} \cdot d\boldsymbol{r}$ と置くと，$\mathrm{grad}\, f = \boldsymbol{v}$ となることを示せ．ただし，曲線 C の終点は (x,y,z) で，始点は（x, y, z によらない）定点 (a,b,c)．

解答　証明は例題 13.2 (p.130) と同じ． ◆

この積分が可能でなくてはならないことも同様である．また，スカラーポテンシャルには定数分の自由度があることも2次元の場合と同様である．

スカラーポテンシャルを使った計算をする．

例題 13.8

ベクトル場 $\boldsymbol{v} = (yz, zx, xy)$ について．

(1) 保存場であることを示せ．

(2) $\mathrm{grad}\, f = \boldsymbol{v}$ となるスカラー場 f を求めよ．

(3) 点 $(0,0,0)$ から (a,b,c) に至る線分 C 上の，$\boldsymbol{v}$ の線積分を求めよ．

解答 (1) $\mathrm{rot}\,\boldsymbol{v} = (x-x, y-y, z-z) = \mathbf{0}$ となるので保存場．

(2)
$$f(x,y,z) = \int_0^x v_x(t,0,0)\,dt + \int_0^y v_y(x,t,0)\,dt + \int_0^z v_z(x,y,t)\,dt$$
$$= 0 + 0 + \int_0^x xy\,dt = xyz$$

(3) $f(\text{終点}) - f(\text{始点}) = f(a,b,c) - f(0,0,0) = abc$ ◆

問 題

13.3 ベクトル場 $\boldsymbol{v} = (y^2z^3, 2xyz^3, 3xy^2z^2)$ について．

(1) 保存場であることを示せ．

(2) $\mathrm{grad}\, f = \boldsymbol{v}$ となるスカラー場 f を求めよ．

(3) 曲線 $C : \boldsymbol{r}(t) = (t - \sin t, 1 - \cos t, t)\,(0 \leq t \leq \pi)$ として，$\displaystyle\int_C \boldsymbol{v} \cdot d\boldsymbol{r}$ を求めよ．

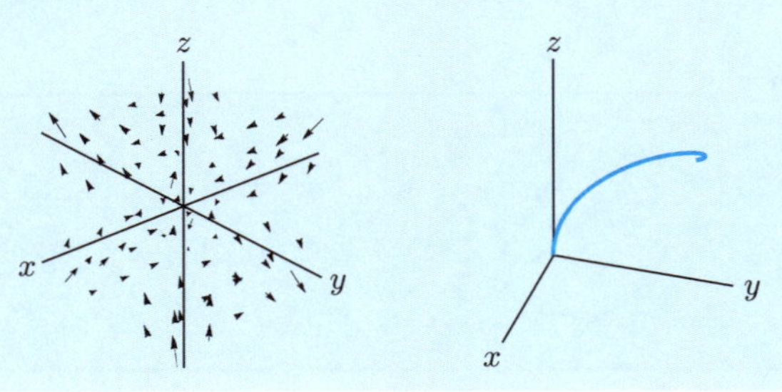

保存場からスカラーポテンシャルを求める経路を球座標に適したものに変えておく．

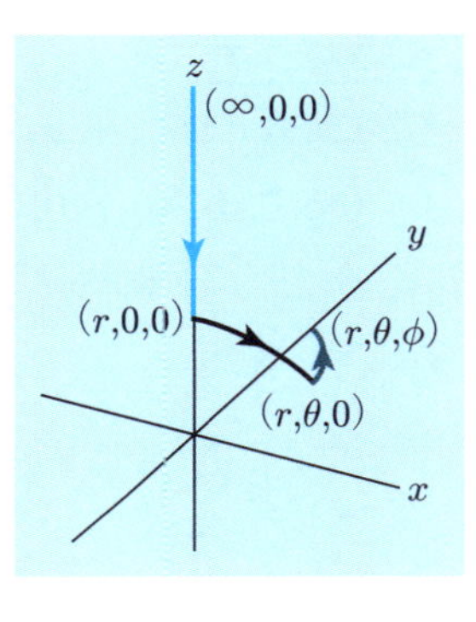

球座標表示 経路を右図のように球座標表示で $(\infty, 0, 0) \to (r, 0, 0) \to (r, \theta, 0) \to (r, \theta, \phi)$ に沿って，$\boldsymbol{v}$ を線積分していくと，下の積分になる．

$$f(r, \theta, \phi) = \int_\infty^r v_r(t, 0, 0)dt + \int_0^\theta v_\theta(r, t, 0)(r\,dt) + \int_0^\phi v_\phi(r, \theta, t)(r\sin\theta\,dt)$$

始点を $r = \infty$ にしたのは，無限遠でポテンシャルが 0 という境界条件を課すことが多いからである．この f は $\operatorname{grad} f = \boldsymbol{v}$ を満たす．

例題 13.9

r は球座標の r とする．原点にある質点 m の作る重力場 $\boldsymbol{v} = -\dfrac{mg}{r^2}\boldsymbol{e}_r$ について．

(1) 保存場であることを示せ．

(2) $\operatorname{grad} f = \boldsymbol{v}$ となるポテンシャル f を求めよ．

(3) 曲線 $C : \boldsymbol{r}(t) = (t, t^2, t^3)\ (1 \leq t \leq 2)$ として，$\displaystyle\int_C \boldsymbol{v}\cdot d\boldsymbol{r}$ を求めよ．

解答 (1) p.91 の公式に，$v_r = -\frac{mg}{r^2}$, $v_\theta = v_\phi = 0$ を代入して，$\operatorname{rot}\boldsymbol{v} = \boldsymbol{0}$ を確かめればよい．

(2) 上の経路での積分に，$v_r = -\frac{mg}{r^2}, v_\theta = v_\phi = 0$ を代入して，$f = \frac{mg}{r}$ となる．

(3) $f(\text{終点}) - f(\text{始点}) = \left[\dfrac{mg}{r}\right]_{(1,1,1)}^{(2,4,8)} = mg\left(\dfrac{1}{2\sqrt{21}} - \dfrac{1}{\sqrt{3}}\right)$ ◆

問 題

13.4 3 次元のベクトル場 $\boldsymbol{v} = \dfrac{\cos\theta}{r}\boldsymbol{e}_\theta$ について．

(1) 保存場であることを示せ．

(2) $\operatorname{grad} f = \boldsymbol{v}$ となるポテンシャル f を求めよ．

(3) 曲線 $C : \boldsymbol{r}(t) = (\cos t, \sin t, t)\ (0 \leq t \leq a)$ として，$\displaystyle\int_C \boldsymbol{v}\cdot d\boldsymbol{r}$ を求めよ．

円柱座標表示　続いて，円柱座標に適したように経路を変えておく．経路を右図のように円柱座標表示で $(\infty, 0, 0) \to (\rho, 0, 0) \to (\rho, \phi, 0) \to (\rho, \phi, z)$ に沿って，$\boldsymbol{v}$ を線積分していくと，下の積分になる．

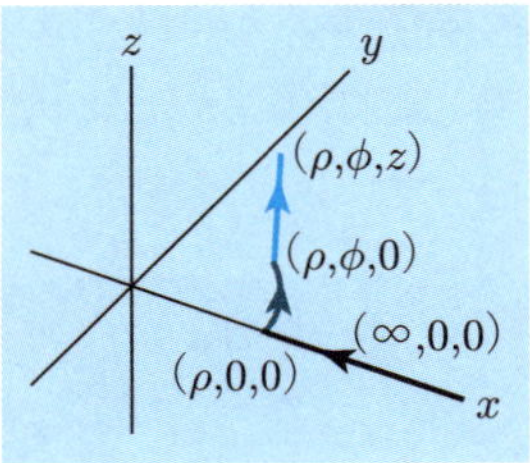

$$
\begin{aligned}
f(\rho, \phi, z) = &\int_{\infty}^{\rho} v_\rho(t, 0, 0)dt \\
&+ \int_0^{\phi} v_\phi(\rho, t, 0)(\rho\, dt) \\
&+ \int_0^{z} v_\phi(\rho, \phi, t)dt
\end{aligned}
\tag{13.3}
$$

例題 13.10

3 次元のベクトル場 $\boldsymbol{v} = \dfrac{1}{\rho}\boldsymbol{e}_\rho$ について．

(1)　保存場であることを示せ．

(2)　$\mathrm{grad}\, f = \boldsymbol{v}$ となるスカラーポテンシャル f を求めよ．

(3)　点 $(x, y, z) = (1, 0, 0)$ から (a, b, c) に至る線分 C で，$\displaystyle\int_C \boldsymbol{v} \cdot d\boldsymbol{r}$ を求めよ．

解答　(1)　$v_\rho = \frac{1}{\rho}$, $v_\phi = v_z = 0$ を円柱座標での回転の公式 (p.90) に代入すると，$\mathrm{rot}\, \boldsymbol{v} = \boldsymbol{0}$

(2)　(13.3) を使って，$f = -\log \rho$

(3)　$f(\text{終点}) - f(\text{始点}) = -\log \sqrt{a^2 + b^2}$　◆

問　題

13.5　3 次元のベクトル場 $\boldsymbol{v} = \boldsymbol{e}_\rho$ について．

(1)　保存場であることを示せ．

(2)　$\mathrm{grad}\, f = \boldsymbol{v}$ となるポテンシャル f を求めよ．

(3)　曲線 $C : \boldsymbol{r}(t) = (t\cos t, t\sin t, t)\ (0 \leq t \leq 2\pi)$ として，$\displaystyle\int_C \boldsymbol{v} \cdot d\boldsymbol{r}$ を求めよ．

13.3　ベクトルポテンシャル

3 次元の公式 $\operatorname{div}\operatorname{rot}\boldsymbol{a}=0$ により，$\boldsymbol{v}=\operatorname{rot}\boldsymbol{a}$ と書けるときは，$\operatorname{div}\boldsymbol{v}=0$ となる．この逆，つまり，$\operatorname{div}\boldsymbol{v}=0$ であれば，$\boldsymbol{v}=\operatorname{rot}\boldsymbol{a}$ と書ける，ということも成り立つ．この $\operatorname{div}\operatorname{rot}\boldsymbol{a}=0$ が 3 次元限定の公式なので，この節の内容は 3 次元限定である．

ベクトルポテンシャル

3 次元ベクトル場 $\boldsymbol{v}$ について，次の 3 条件は必要十分である．

(1)　あるベクトル場 $\boldsymbol{a}$ が存在して $\boldsymbol{v}=\operatorname{rot}\boldsymbol{a}$ となる

(2)　$\operatorname{div}\boldsymbol{v}=0$

(3)　任意の閉曲面 S について $\displaystyle\int_S \boldsymbol{v}\cdot d\boldsymbol{S}=0$

このときの $\boldsymbol{a}$ をベクトルポテンシャル (vector potential) と呼ぶ．

(1) $\Rightarrow$ (2) は p.90 の恒等式 $\operatorname{div}\operatorname{rot}\boldsymbol{v}=0$ より．

(1) $\Rightarrow$ (3) は例題 11.8 または問 12.7 より．

(3) $\Rightarrow$ (2) は例題 12.7 より．

(1) $\Leftarrow$ (2) は次の例題で示す．示されれば，証明は完了する．

例題 13.11

3 次元ベクトル場 $\boldsymbol{v}$ が $\operatorname{div}\boldsymbol{v}=0$ を満たすとき，$\boldsymbol{v}=\operatorname{rot}\boldsymbol{a}$ となるベクトル場 $\boldsymbol{a}$ が存在することを示せ．

解答　$\displaystyle\boldsymbol{a}(x,y,z)=\left(0,\int_0^x v_z(t,y,z)\,dt,\int_0^y v_x(0,t,z)\,dt-\int_0^x v_y(t,y,z)\,dt\right)$

と置いて，$\operatorname{rot}\boldsymbol{a}=\boldsymbol{v}$ となることを示す．

$$
\begin{aligned}
(\operatorname{rot}\boldsymbol{v})_x &= \partial_y v_z-\partial_z v_y\\
&= v_x(0,y,z)-\int_0^x \partial_y v_y(t,y,z)\,dt-\int_0^x \partial_z v_z(t,y,z)\,dt\\
&= v_x(0,y,z)+\int_0^x \partial_x v_x(t,y,z)\,dt
\end{aligned}
$$

$$= v_x(0,y,z) + v_x(x,y,z) - v_x(0,y,z) = v_x(x,y,z),$$

$$(\mathrm{rot}\,\boldsymbol{v})_y = \partial_z v_x - \partial_x v_z = v_y(x,y,z),$$

$$(\mathrm{rot}\,\boldsymbol{v})_z = \partial_x v_y - \partial_y v_x = v_z(x,y,z)$$

補足 この積分の意味は難しいので省略する．次の積分でもよい．

$$\boldsymbol{a}(x,y,z) = \left(0, \int_{x_0}^{x} v_z(t,y,z)\,dt, \int_{y_0}^{y} v_x(x_0,t,z)\,dt - \int_{x_0}^{x} v_y(t,y,z)\,dt\right)$$ ◆

ベクトルポテンシャルは，+定数だけでなく，さらに任意性がある．2 つのベクトルポテンシャルが $\mathrm{rot}\,\boldsymbol{a} = \mathrm{rot}\,\boldsymbol{b}$ であったとき，$\mathrm{rot}\,(\boldsymbol{a}-\boldsymbol{b}) = 0$ なので，保存場 (p.134) より，

$$\boldsymbol{a} - \boldsymbol{b} = \mathrm{grad}\,f$$

となる f が存在する．

密度に対してのポテンシャルがスカラーポテンシャルであり，流れに対してのポテンシャルがベクトルポテンシャルである．電磁気学の章で扱うが，電荷密度がスカラーポテンシャルを作り，電流がベクトルポテンシャルを作る．

例題 13.12

3 次元のベクトル場 $\boldsymbol{v} = (x, y, -2z)$ について．

(1) $\mathrm{div}\,\boldsymbol{v} = 0$ となることを確かめよ．

(2) $\mathrm{rot}\,\boldsymbol{a} = \boldsymbol{v}$ となる $\boldsymbol{a}$ を求めよ．

(3) $(x-1)^2 + y^2 + z^2 = 3,\ 0 \leq x$ と表される曲面 S（原点側が裏とする）について，$\iint_S \boldsymbol{v}\cdot d\boldsymbol{S}$ を求めよ．

解答 (1) $\mathrm{div}\,\boldsymbol{v} = 1 + 1 - 2 = 0$

(2) 例題 13.11 に出てくる積分を使って，$\boldsymbol{a} = (0, -2xz, -xy)$

(3) ストークスの定理 (11.9) より，

$$与式 = \int_{y^2+z^2=2,\ x=0} \boldsymbol{a}\cdot d\boldsymbol{r}$$

となるが，$x = 0$ では (2) で求めた $\boldsymbol{a}$ は $\boldsymbol{0}$ となるので，与式 $= 0$． ◆

問　題

13.6　3 次元のベクトル場 $\boldsymbol{B} = \dfrac{1}{\rho}\,\boldsymbol{e}_\rho$ について．

(1)　$\mathrm{div}\,\boldsymbol{B} = 0$ となることを確かめよ．

(2)　$\mathrm{rot}\,\boldsymbol{a} = \boldsymbol{B}$ となる $\boldsymbol{a}$ を求めよ．

(3)　$(x-3)^2 + y^2 + z^2 = 2, 1 \leq z$ と表される曲面 S（球の中心側が裏）について，$\displaystyle\iint_S \boldsymbol{B}\cdot d\boldsymbol{S}$ を求めよ．

演習問題

◆1　東北大 応用物理学専攻

ベクトル場 $\boldsymbol{a}$ とスカラーポテンシャル ϕ の関係について以下の設問に答えよ．

(1)　任意の ϕ について $\mathrm{rot}(\mathrm{grad}\,\phi)$ を計算せよ．

(2)　ベクトル場 $\boldsymbol{a} = (2x + y\cos z,\ x\cos z,\ -xy\sin z)$ について，$\mathrm{rot}\,\boldsymbol{a} = (0, 0, 0)$ であることを示せ．

(3)　設問 (2) のベクトル場 $\boldsymbol{a}$ に対するスカラーポテンシャル ϕ を求めよ．

◆2　東北大 応用物理学専攻（記号をテキストに合わせて変更）

スカラーポテンシャル ϕ が次のように定義されている．以下の小問に答えよ．

$$\phi = -\frac{C}{r}$$

ただし，C は定数，$r = \sqrt{x^2 + y^2 + z^2}$ であり，$\boldsymbol{r} = (x, y, z)$ は原点を除く空間の任意の点である．

(1)　$\dfrac{\partial r}{\partial x} = \dfrac{x}{r}$ となることを示せ．

(2)　$\boldsymbol{A} = -\mathrm{grad}\,\phi$ を求めよ．必要であれば，x, y, z 方向の単位ベクトル $\boldsymbol{e}_x$, $\boldsymbol{e}_y$, $\boldsymbol{e}_z$ を用いよ．

(3)　$\mathrm{div}\,\boldsymbol{A}$, $\mathrm{rot}\,\boldsymbol{A}$ を求めよ．

第14章

電磁気学への応用

この章では，前章までのベクトル解析を用いて，電磁気学がどう記述されるのかを示していく．

14.1　ローレンツ力とガウスの法則

電場 $\boldsymbol{E}$ と磁束密度 $\boldsymbol{B}$ があるとき荷電粒子（電荷 q，速度 $\boldsymbol{v}$）は次のような力を受ける．

ローレンツ力 (Lorentz force)

$$\boldsymbol{F} = q\boldsymbol{E} + q\boldsymbol{v} \times \boldsymbol{B} \tag{14.1}$$

（$\boldsymbol{F}$：電磁力，q：電荷，$\boldsymbol{E}$：電場，$\boldsymbol{v}$：速度，$\boldsymbol{B}$：磁束密度）

電場に沿った力と，磁束密度 $\boldsymbol{B}$ にも速度 $\boldsymbol{v}$ にも直交する方向の力である．磁束密度による力は，$\boldsymbol{v}$ と $\boldsymbol{B}$ が直交する場合は，**フレミングの左手の法則** (Fleming's left hand rule) として知られている．

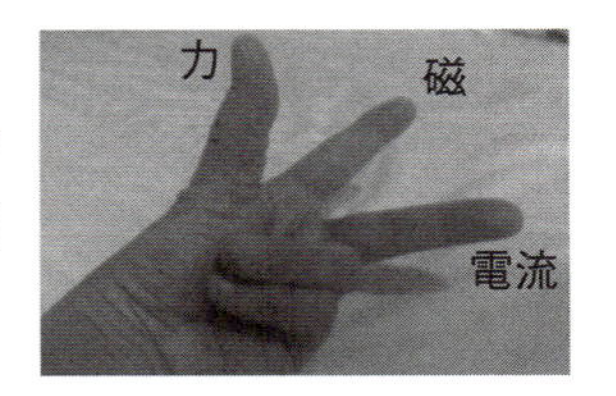

問　題

14.1　磁束密度による力で，荷電粒子の運動エネルギーは変化しないことを示せ．

クーロンの法則　2 つの荷電粒子に働く電気的な力について．力の大きさは，両者の電荷量の積に比例し，両者の距離の 2 乗に反比例する．また，その力の方向は，両者の位置ベクトルの差の方向で，電荷の符号が同じ場合は斥力となる．これを**クーロンの法則** (Coulomb's law) という．式で表すと，位置 $\boldsymbol{x}_1$，電荷量 q_1 を持つ荷電粒子が，位置 $\boldsymbol{x}_2$，電荷量 q_2 を持つ荷電粒子から受ける電気的な力 $\boldsymbol{F}$ とすると，

$$\boldsymbol{F} = \frac{1}{4\pi\varepsilon_0}\frac{\boldsymbol{x}_1 - \boldsymbol{x}_2}{|\boldsymbol{x}_1 - \boldsymbol{x}_2|^3}$$

となる．この力を**クーロン力** (Coulomb force) という．ここで ε_0 は真空の誘電率という．真空でないときは，この誘電率が変わるが，本書では真空のみを扱う．また，$\frac{1}{4\pi\varepsilon_0}$ をクーロン定数と呼ぶ本もある．分母が距離の 3 乗となっているのは，1 乗分は分子を単位化するのに使い，残りの 2 乗分が $\boldsymbol{F}$ の大きさを表しているからである．もう一方の荷電粒子の方は，作用反作用の法則で，逆向きの力を受けることも分かる．

点電荷の作る電場　ローレンツ力 (14.1) によれば，電場 $\boldsymbol{E}$ とは，その中に電荷 q の荷電粒子を置いたとき，$\boldsymbol{F} = q\,\boldsymbol{E}$ という電磁力を受けるようなベクトル場である．これと，上のクーロン力を考えると，位置 $\boldsymbol{x}_0$，電荷量 q_0 を持つ荷電粒子は，その周りに

$$\boldsymbol{E}(\boldsymbol{x}) = \frac{1}{4\pi\varepsilon_0}\frac{\boldsymbol{x} - \boldsymbol{x}_0}{|\boldsymbol{x} - \boldsymbol{x}_0|^3}$$

という電場を形成することが分かる．次の図 (i) のようなベクトル場である．2 つの荷電粒子があるときは，それぞれが作る電場の和が形成される．図 (ii), (iii) のようなベクトル場である．

上段は矢印場，下段は流線である．この流線を**電気力線** (electric lines of force) という．さらに，帯電している連続体の場合は，その物体を細かく分割し，1 つ 1 つを荷電粒子だと思って電場を求め，それを物体全体で積分すればよい．

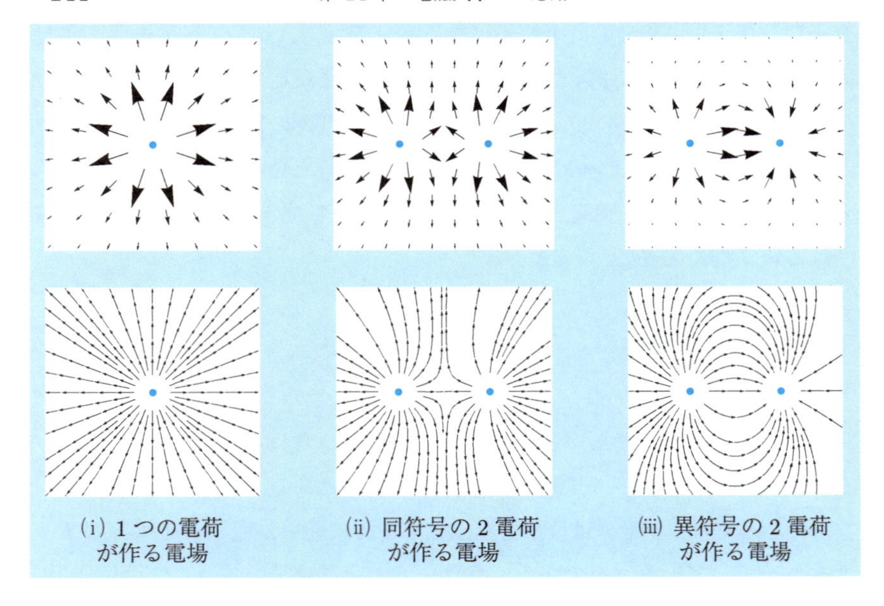

(i) 1 つの電荷が作る電場　(ii) 同符号の 2 電荷が作る電場　(iii) 異符号の 2 電荷が作る電場

問　題

14.2 点電荷が作る電場 $\boldsymbol{E}(\boldsymbol{x}) = \frac{1}{4\pi\varepsilon_0}\frac{\boldsymbol{x}-\boldsymbol{x}_0}{|\boldsymbol{x}-\boldsymbol{x}_0|^3}$ について，$\operatorname{div}\boldsymbol{E} = 0$ および $\operatorname{rot}\boldsymbol{E} = \boldsymbol{0}$ であることを確かめよ．

電気力線の法則　p.124 例題 12.6 より，位置 $\boldsymbol{x}_0$，電荷量 q_0 を持つ荷電粒子が作る電場を，点 $\boldsymbol{x}_0$ を内部に含むような閉曲面 S で面積分したとき，$\frac{q_0}{\varepsilon_0}$ となることが分かる．また，2 つの荷電粒子（位置 $\boldsymbol{x}_1$，電荷量 q_1，位置 $\boldsymbol{x}_2$，電荷量 q_2）の作る電場については，点 $\boldsymbol{x}_1, \boldsymbol{x}_2$ を内部に含むような閉曲面 S で面積分したとき，$\frac{q_1+q_2}{\varepsilon_0}$ となることが分かる．これを連続体に拡張すれば，分子の $q_1 + q_2$ は S 内にある電荷の総量となり，

$$\iint_S \boldsymbol{E}\cdot d\boldsymbol{S} = \frac{1}{\varepsilon_0}\iiint_{S\ \text{の内部}} \rho_e\, dV$$

となることが分かる．ガウスの定理を用いると，この左辺は $\iiint_{S\ \text{の内部}} \operatorname{div}\boldsymbol{E}\, dV$ と書き直せる．S の任意性によって，上の法則は $\varepsilon_0 \operatorname{div}\boldsymbol{E} = \rho_e$ となる．たくさんの電荷があるところでは，たくさんの電場が湧き出すという意味であ

る．同様に磁束密度についても，$\mathrm{div}\,\boldsymbol{B}$ が磁荷密度に比例するが，通常，磁荷は N 極と S 極が対になった双極子としてしか存在しないので，ここでは $\mathrm{div}\,\boldsymbol{B} = 0$ となる．

ガウスの法則 (Gauss's law)

$\varepsilon_0\,\mathrm{div}\boldsymbol{E} = \rho_e$　（ε_0：誘電率，$\boldsymbol{E}$：電場，ρ_e：電荷密度）

$\mathrm{div}\,\boldsymbol{B} = 0$　（$\boldsymbol{B}$：磁束密度）

例題 14.1

半径 a の球内に，一様な電荷密度 ρ_e で電荷が分布しているとき，球の内部にできる電場 $\boldsymbol{E}$ を求めよ．ただし，球対称で等方的なので $\boldsymbol{E} = f(r)\,\boldsymbol{e}_r$ としてよい．

解答　(8.14) より $\mathrm{div}\,\boldsymbol{E} = \frac{\partial_r(r^2 f(r))}{r^2}$.

$$\partial_r(r^2 f(r)) = \varepsilon_0^{-1} r^2 \rho_e, \quad r^2 f(r) = \frac{r^3}{3}\varepsilon_0^{-1}\rho_e + c, \quad f(r) = \frac{r}{3}\varepsilon_0^{-1}\rho_e + \frac{c}{r^2}$$

原点で発散しないために $c = 0$ とする．$f(r) = \frac{r}{3}\varepsilon_0^{-1}\rho_e$ なので $\boldsymbol{E}(\boldsymbol{x}) = \frac{|\boldsymbol{x}|\,\rho_e}{3\varepsilon_0}\boldsymbol{e}_r$

補足　この電場は $\boldsymbol{E} = \frac{\frac{4}{3}\pi|\boldsymbol{x}|^3\rho_e}{4\pi\varepsilon_0\,|\boldsymbol{x}|}$ と書け，$\boldsymbol{x}$ より内側にある全電荷が球の中心に集まって点電荷とみたときにできる電場と同じである．つまり $\boldsymbol{x}$ より外側にあり球内にある球殻部分からの寄与は無いということである．◆

例題 14.2

半径 a の球内に，一様な電荷密度 ρ_e で電荷が分布しているとき，球の外部にできる電場 $\boldsymbol{E}$ を求めよ．ただし球の表面で，前問の電場と一致するようにせよ．

解答　前問と同様に $\boldsymbol{E} = f(r)\boldsymbol{e}_r$ として，$\mathrm{div}\,\boldsymbol{E} = \frac{\partial_r(r^2 f(r))}{r^2}$.

$$\partial_r(r^2 f(r)) = 0, \quad r^2 f(r) = c, \quad f(r) = \frac{c}{r^2}$$

球の表面での条件より $f(a) = \frac{c}{a^2} = \frac{a}{3\varepsilon_0}\rho_e$ なので $c = \frac{a^3\rho_e}{3\varepsilon_0}$ となり，$\boldsymbol{E} = \frac{a^3\rho_e}{3\varepsilon_0}$

補足 この電場は $\boldsymbol{E} = \frac{\frac{4}{3}\pi a^3 \rho_e}{4\pi\varepsilon_0}$ と書け，球内の全電荷が球の中心に集まって点電荷とみたときにできる電場と同じである． ◆

2 つの例題によって得られた電場の，$z = 0$ での断面の様子は下図のようになる．球の表面で最も電場の強さが大きいことも分かる．

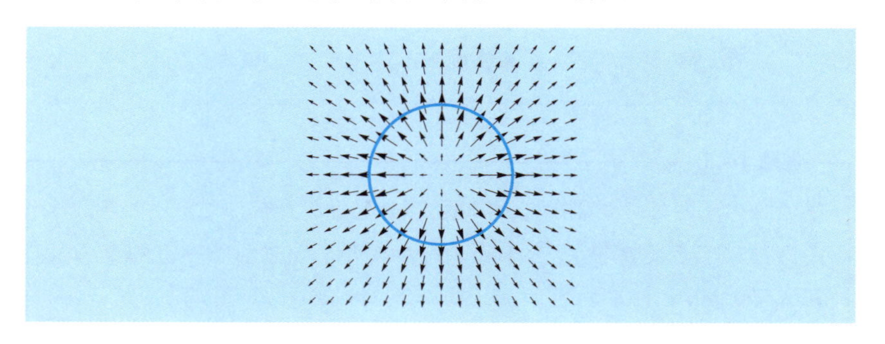

14.2 電流の作る磁束密度

強さ I の直線電流は，その周りに右ねじの方向に磁束密度を作る．その大きさは，電流からの距離を ρ，真空の透磁率 μ_0 として，$\frac{\mu_0 I}{2\pi\rho}$ となる．**アンペールの右ねじの法則** (Ampere's right-handed screw rule) という．例えば z 軸正の方向に流れる強さ I の電流の作る磁束密度は

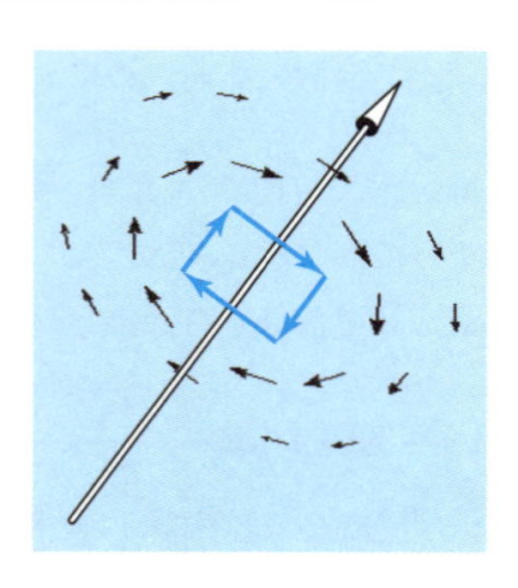

$$\boldsymbol{B} = \frac{\mu_0 I}{2\pi\rho}\boldsymbol{e}_\phi \qquad (14.2)$$

となる．この磁束密度を閉曲線上で線積分することを考える．

問 題

14.3 原点 O を通り，単位ベクトル $\boldsymbol{i}$ の方向を持った強さ I の直線電流が，位置 $\boldsymbol{x}$ に作る磁束密度 $\boldsymbol{B}(\boldsymbol{x})$ を求めよ．

例題 14.3

xyz 空間内の閉曲線 C について $\displaystyle\int_C \frac{1}{\rho}\boldsymbol{e}_\phi \cdot d\boldsymbol{r}$ を求めよ.

解答 $C:(c_x(t), c_y(t), c_z(t))$, $t_1 \leq t \leq t_2$ と書くことにする.
$\rho = \sqrt{x^2+y^2}, \boldsymbol{e}_\phi = \dfrac{(y, -x, 0)}{\sqrt{x^2+y^2}}$ なので,

$$\begin{aligned}\int_C \frac{1}{\rho}\boldsymbol{e}_\phi \cdot d\boldsymbol{r} &= \int_{t_1}^{t_2} \frac{1}{x^2+y^2}(y, -x, 0)\cdot(c_x'(t), c_y'(t), c_z'(t))\,dt \\ &= \int_{t_1}^{t_2} \frac{1}{x^2+y^2}(y, -x)\cdot(c_x'(t), c_y'(t))\,dt\end{aligned}$$

となり，例題 12.3 (p.119) での積分と一致するので，C の中に z 軸があるときは 2π で，ないときは 0 である. ◆

これを使うと，次の法則が得られる.

アンペールの周回積分 (Ampere's contour integral)

強さ I の直線電流の周りに閉曲線 C があるとき，線積分は次のようになる.

$$\int_C \boldsymbol{B}\cdot d\boldsymbol{r} = \mu_0 I$$

C は，電流を取り囲んでさえいれば，積分値はその取り方によらない，ということを意味している.

点電荷によって空間が満たされているとき，電荷密度 ρ_e と速度場 $\boldsymbol{v}$ がある．このとき，$\boldsymbol{i}_e = \rho_e \boldsymbol{v}$ を**電流密度** (current density) という．電流密度 $\boldsymbol{i}_e$ と，曲面 S について $\iint_S \boldsymbol{i}_e \cdot d\boldsymbol{S}$ は，単位時間あたりに S の裏から表に通り抜ける電荷量を表している.

右ねじの法則のときに，強さ I の電流と表していたのは，細い管の中に断面をとり，その断面を通り抜ける，単位時間あたりの電荷量が I という意味

である．この断面は，電流と垂直でなくても構わない．強さ I の作る直線電流の作る電流密度 $\boldsymbol{i}_e$ について，電流が曲面 S を貫くとき

$$\iint_S \boldsymbol{i}_e \cdot d\boldsymbol{S} = I$$

となることが分かる．これと，上のアンペールの周回積分の法則と合わせると，

$$\int_C \boldsymbol{B} \cdot d\boldsymbol{r} = \mu_0 \iint_S \boldsymbol{i}_e \cdot d\boldsymbol{S}$$

となる．1 つの直線電流について確かめたが，複数の電流が存在しているときも，それらが作る磁束密度および電流密度について重ね合わせることによって，この等式が成り立つ．

さらに，ストークスの定理 (11.9) によって，左辺は $\int_C \boldsymbol{B}\cdot d\boldsymbol{r} = \iint_S \operatorname{rot} \boldsymbol{B}\cdot d\boldsymbol{S}$ と書き直せるので，$\iint_S \operatorname{rot} \boldsymbol{B} \cdot d\boldsymbol{S} = \mu_0 \iint_S \boldsymbol{i}_e \cdot d\boldsymbol{S}$ となり，S の任意性より次のことが分かる．

アンペールの法則 (Ampere's law)

$\operatorname{rot} \boldsymbol{B} = \mu_0 \boldsymbol{i}_e$ （$\boldsymbol{B}$：磁束密度，μ_0：透磁率，$\boldsymbol{i}_e$：電流密度）

電流が磁束密度の渦を引き起こすという解釈ができる．

コイルを流れる電流によって，下図のような磁束密度が発生する．

S が閉曲面のときは，$\iint_S \boldsymbol{i}_e \cdot d\boldsymbol{S}$ は，内側から外側への単位時間あたりの電荷流出量を表す．出ていった分，S の中にある電荷量 $\iiint_{S\text{ の中}} \rho_e \, dV$ は

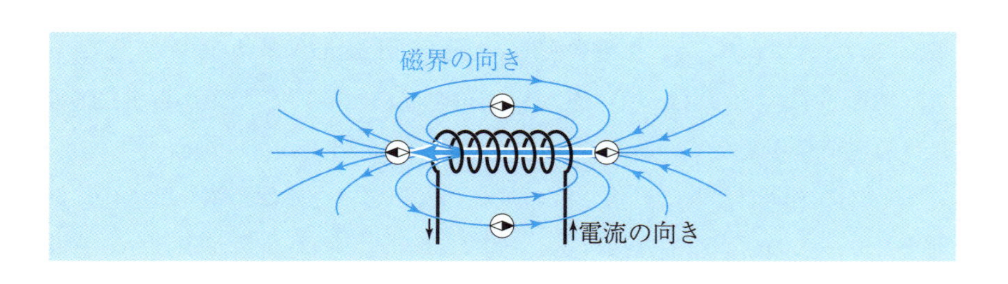

減ったはずなので，

$$\partial_t \iiint_{S\text{ の中}} \rho_e \, dV + \iint_S \boldsymbol{i}_e \cdot d\boldsymbol{S} = 0$$

第 2 項にガウスの定理 (12.3) を適用すると，$\iiint_{S\text{ の中}} \operatorname{div} \boldsymbol{i}_e \, dV$ となり，S の任意性より，次の法則を得る．

電荷保存則 (law of conservation of charge)

$$\partial_t \rho_e + \operatorname{div} \boldsymbol{i}_e = 0 \quad (\rho_e：電荷密度，\boldsymbol{i}_e：電流密度)$$

電荷は急に湧き出したり，消えたりするものではなく，電流によって運ばれるだけである．電荷不滅の法則ともいわれる．

14.3　動電磁場の法則

前節までは，場（電場，磁束密度，電荷密度，電流密度）が時間によらない静電磁場を考えていた．ここでは，時間によって変化する動電磁場に拡張する．

コンデンサのスイッチをオンオフしたときに，コンデンサ内部の電場が急激な時間変化を起こす．それによって磁束密度の渦が生じる．その様子は，電流によって生じる磁束密度と酷似している．

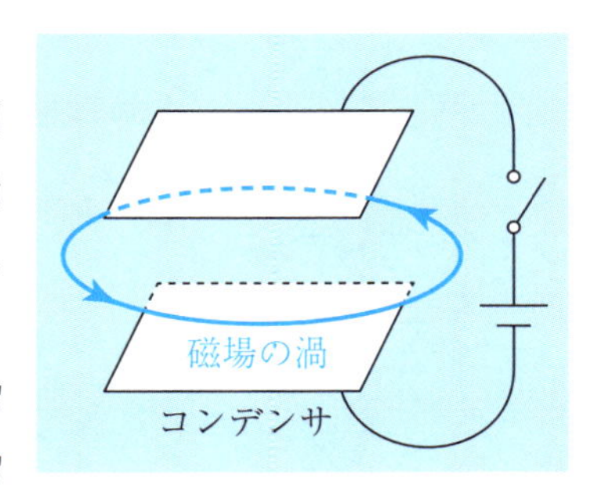

形成される磁束密度は，$\operatorname{rot} \boldsymbol{B} = \mu_0 \varepsilon_0 \partial_t \boldsymbol{E}$ となり，アンペールの法則の電流を，$\varepsilon_0 \partial_t \boldsymbol{E}$ で置き換えたものになっているので，$\varepsilon_0 \partial_t \boldsymbol{E}$ を**変位電流** (displacement current) という．

電流密度と，電場の時間変化の両方あるときを考えると，磁束密度は，両方によって発生したものの和になる．つまりアンペールの法則が次のように拡張される．

アンペール-マクスウェルの法則 (Ampere - Maxwell's law)

$$\mathrm{rot}\,\boldsymbol{B} = \mu_0 \boldsymbol{i}_e + \mu_0 \varepsilon_0 \partial_t \boldsymbol{E}$$

（$\boldsymbol{B}$：磁束密度，μ_0：透磁率，$\boldsymbol{i}_e$：電流密度，ε_0：誘電率，$\boldsymbol{E}$：電場）

これと同様に，磁束密度が時間変化すると，電場の渦を引き起こし，渦電流が流れる．磁束密度の時間変化を打ち消すように，渦電流が流れると解釈することもできる．

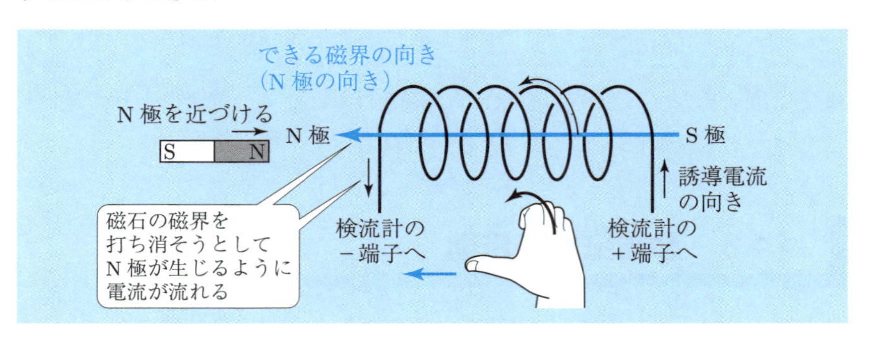

ファラデーの誘導の法則 (Faraday's law of induction)

$$\mathrm{rot}\,\boldsymbol{E} + \partial_t \boldsymbol{B} = \boldsymbol{0} \quad (\boldsymbol{E}\text{：電場，}\boldsymbol{B}\text{：磁束密度})$$

前節のガウスの法則（電場），ガウスの法則（磁束密度），本節のアンペール-マクスウェルの法則，ファラデーの誘導の法則の 4 つをまとめて，**マクスウェルの方程式**という．

マクスウェルの方程式 (Maxwell's equations)

$$\mathrm{div}\,\boldsymbol{E} = \varepsilon_0 \rho_e,\ \mathrm{div}\,\boldsymbol{B} = 0,$$
$$\frac{1}{\mu_0}\mathrm{rot}\,\boldsymbol{B} = \varepsilon_0 \partial_t \boldsymbol{E} + \boldsymbol{i}_e,\ \mathrm{rot}\,\boldsymbol{E} = -\partial_t \boldsymbol{B}$$

電磁気学の基礎方程式である．

ガウスの定理の応用　重要なガウスの定理の応用として，1 つのスカラー量の保存則を表すことを考える．時間依存する電荷密度 ρ_e と電流 $\boldsymbol{j}$ に対し，領域

D 内から出ていく電荷量は $\iint_{\partial D} \boldsymbol{j} \cdot d\boldsymbol{S}$ となる．D 内部の電荷量 $\iiint_D \rho_e \, dV$ は，出て行った分減るはずなので，$\partial_t \iiint_D \rho_e \, dV = -\iint_{\partial D} \boldsymbol{j} \cdot d\boldsymbol{S}$ となり，

$$\partial_t \iiint_D \rho_e \, dV + \iint_{\partial D} \boldsymbol{j} \cdot d\boldsymbol{S} = 0$$

となる．積分形の電荷保存則である．第 2 項はガウスの定理により，$\iiint_D \operatorname{div} \boldsymbol{j} \, dV$ と等しいので，保存則は $\iiint_D (\partial_t \rho_e) dV + \iiint_D \operatorname{div} \boldsymbol{j} \, dV$ となり，これが任意の領域 D に対し成り立つことを考えると，次のような微分形の保存則が得られる．

電荷保存則 (charge conservation law)

$$\partial_t \rho_e + \operatorname{div} \boldsymbol{j} = 0$$

一般に，∂_t 密度 + div 流れベクトル = 0 の形の保存則を**連続の方程式** (equation of continuity) という．

問　題

14.4　マクスウェルの方程式を使って，電荷保存則を導け．

14.4　電磁ポテンシャル

$\operatorname{div} \boldsymbol{B} = 0$ から，$\boldsymbol{B} = \operatorname{rot} \boldsymbol{A}$ を満たすスカラーベクトル場 $\boldsymbol{A}$ が存在する．これを**ベクトルポテンシャル**という．

$\operatorname{rot} \boldsymbol{E} + \partial_t \boldsymbol{B} = \boldsymbol{0}$ から，$\operatorname{rot}(\boldsymbol{E} + \partial_t \boldsymbol{A}) = \boldsymbol{0}$ となる．よって $\boldsymbol{E} + \partial_t \boldsymbol{A} = -\operatorname{grad} \phi$ を満たすスカラー場 ϕ が存在する．これを**スカラーポテンシャル**という．静電磁場に対しては，$\boldsymbol{E} = -\operatorname{grad} \phi$ となり，**静電ポテンシャル** (electrostatic potential) という．

電磁ポテンシャル (electromagnetic potential)

$\boldsymbol{B} = \operatorname{rot} \boldsymbol{A}$,　$\boldsymbol{E} + \partial_t \boldsymbol{A} = -\operatorname{grad} \phi$　（$\boldsymbol{B}$：磁束密度，$\boldsymbol{A}$：ベクトルポテンシャル，$\boldsymbol{E}$：電場，ϕ：スカラーポテンシャル）

演習問題

◆**1** マクスウェルの方程式と電磁ポテンシャルの式を用いて，次の式を導け．

$$(-\varepsilon_0\mu_0\partial_t^2+\nabla^2)\phi=\partial_t(\varepsilon_0\mu_0\partial_t\phi+\operatorname{div}\boldsymbol{A})-\frac{\phi}{\varepsilon_0},$$

$$(-\varepsilon_0\mu_0\partial_t^2+\nabla^2)\boldsymbol{A}=\operatorname{grad}(\varepsilon_0\mu_0\partial_t\phi+\operatorname{div}\boldsymbol{A})-\mu_0\boldsymbol{i}_e$$

◆**2** 点 $\boldsymbol{p}$ に微小電流 $\delta\boldsymbol{j}$ が流れているとき，点 $\boldsymbol{x}$ にできる**磁束密度** (magnetic flux density) は

$$d\boldsymbol{B}(\boldsymbol{x})=\frac{\mu_0}{4\pi}\frac{\delta\boldsymbol{j}\times(\boldsymbol{p}-\boldsymbol{x})}{|\boldsymbol{p}-\boldsymbol{x}|^3}$$

となる．**ビオ-サバールの法則** (Biot-Savart law) という．これを用いて，z 軸を強さ I で流れる直線電流の作る磁束密度 $\boldsymbol{B}=\dfrac{\mu_0 I}{2\pi\rho}\boldsymbol{e}_\phi$ を導け．

◆**3** 球対称に分布した電荷の電荷密度が $\rho_e(r)$ とする．それが位置 $\boldsymbol{x}$ に作る電場は，そこより内側の電荷が原点に集まったときと同じものであることを示せ．

◆**4** (1) 次のことを示せ．

$$(\partial_x,\partial_y,\partial_z)\frac{1}{|(x,y,z)-(X,Y,Z)|}=-(\partial_X,\partial_Y,\partial_Z)\frac{1}{|(x,y,z)-(X,Y,Z)|},$$

$$(\partial_x^2+\partial_y^2+\partial_z^2)\frac{1}{|(x,y,z)-(X,Y,Z)|}=(\partial_X^2+\partial_Y^2+\partial_Z^2)\frac{1}{|(x,y,z)-(X,Y,Z)|}$$

(2) (1) および 12 章の演習問題 9 を使い，3 次元スカラー場 ρ と，領域 D に対し，次のことを示せ．ただし，D では $|(x,y,z)-(X,Y,Z)|\neq 0$ とする．

$$\begin{aligned}
&(\partial_X^2+\partial_Y^2+\partial_Z^2)\iiint_D\frac{\rho(x,y,z)}{|(x,y,z)-(X,Y,Z)|}dV\\
&=\iiint_D((\partial_x^2+\partial_y^2+\partial_z^2)\rho(x,y,z))\frac{1}{|(x,y,z)-(X,Y,Z)|}\,dxdydz\\
&\quad+\iint_{\partial D}\rho(x,y,z)(\partial_x,\partial_y,\partial_z)\frac{1}{|(x,y,z)-(X,Y,Z)|}\cdot d\boldsymbol{S}\\
&\quad-\iint_{\partial D}\frac{1}{|(x,y,z)-(X,Y,Z)|}((\partial_x,\partial_y,\partial_z)\rho(x,y,z))\cdot d\boldsymbol{S}
\end{aligned}$$

(3) $|(x,y,z)-(X,Y,Z)|$ が十分大きいところでは $\rho(x,y,z)=0$ となることを仮定し，次のことを示せ．

$$(\partial_X^2+\partial_Y^2+\partial_Z^2)\iiint_{\mathbf{R}^3}\frac{\rho(x,y,z)}{|(x,y,z)-(X,Y,Z)|}dV=4\pi\rho(X,Y,Z)$$

ヒント $D=\{(x,y,z)\in\mathbf{R}^3\mid \frac{1}{n}\leq|(x,y,z)-(X,Y,Z)|\leq n\}$ と置いて (2) を使う．

付録A

補　足

ここでは，本文中で述べなかった補足的なことを列挙する．

A.1　複素関数論との関係

11, 12 章で座標平面上のベクトル場 $\boldsymbol{v}$ に対して，発散 $\operatorname{div}\boldsymbol{v}$，回転 $\operatorname{rot}\boldsymbol{v}$ の積分が，別の形の積分に書き直されることをみた．以降の章で議論したように，このことは物理学・工学への応用において重要な意味を持つ．ここでは，やや発展的な話題として，座標平面上のベクトル場と複素数を変数とする関数との関係について簡単に紹介する．このことは，流体力学への応用を考える際に有用である．

複素数 $z = x + iy$（i は虚数単位で，$i^2 = -1$）の関数 $f(z) = u(x, y) + i\,v(x, y)$ を考える．例えば

$$f(z) = z^2 = (x + iy)^2 = (x^2 - y^2) + 2ixy$$

ならば，$u(x, y) = x^2 - y^2$, $v(x, y) = 2xy$ である．複素関数に対する微積分を考える際には，関数 $f(z)$ が「正則」であるという条件が大切であり，それは次の条件で表される（**コーシー–リーマンの関係式**）．

$$\frac{\partial u(x, y)}{\partial x} + \frac{\partial v(x, y)}{\partial y} = \frac{\partial v(x, y)}{\partial x} - \frac{\partial u(x, y)}{\partial y} = 0 \qquad \text{(A.1)}$$

（複素関数が正則であることの数学的な定義などについては，複素関数論の成書を参照せよ.）

ここで，座標平面上の点 (x, y) を複素数 $z = x + iy$ に対応させ，複素数値関数 $f(z) = u(x, y) + iv(x, y)$ をベクトル場 $\boldsymbol{v}(x, y) = (u(x, y), v(x, y))$ と対応付ける．ベクトル解析の観点からすると，コーシー-リーマンの関係式 (A.1) は，座標平面上のベクトル場 $\boldsymbol{v}(x, y) = (u(x, y), v(x, y))$ が，わき出しなし，渦なしの条件

$$\mathrm{div}\,\boldsymbol{v}(x,y) = \mathrm{rot}\,\boldsymbol{v}(x,y) = 0 \tag{A.2}$$

を満たすことと同値である．このことから分かるように，湧き出しなし，渦なしの条件の下では，平面上の流れを複素関数論を用いて調べることができる．文献[6]

問　題

A.1　次の複素関数に対して，対応するベクトル場 $\boldsymbol{v}(x,y) = (u(x,y), v(x,y))$ を定めよ．また，求めたベクトル場が，条件 (A.2) を満たすことを確認せよ．

(1)　$f(z) = z^2$　　(2)　$f(z) = z^3$　　(3)　$f(z) = \dfrac{1}{z}$

A.2　慣性モーメント

線積分，面積分，体積分の理解を深めるための題材として，この節では慣性モーメントの計算を取り上げる．

慣性モーメントとは，回転運動における重さのことである．質量 m の質点が，回転軸から距離が ρ のとき，この質点の作る慣性モーメントは $I = m\rho^2$ である．

	直進運動	回転運動
運動方程式	$\boldsymbol{f} = \dfrac{d}{dt}(m\boldsymbol{v})$ $\boldsymbol{f}$：力 m：質量 $\boldsymbol{v}$：速度	$\boldsymbol{r} \times \boldsymbol{f} = \dfrac{d}{dt}(I\boldsymbol{\omega})$ $\boldsymbol{r} \times \boldsymbol{f}$：トルク I：慣性モーメント $\boldsymbol{\omega}$：角速度
エネルギー	$E = \dfrac{1}{2}m\lvert\boldsymbol{v}\rvert^2$	$E = \dfrac{1}{2}I\lvert\boldsymbol{\omega}\rvert^2$

質量は，力をうけたときの加速のされにくさ，一定の速さで動いているときはその勢いを表す量である．慣性モーメントとは，その物体の回転について，回りにくさ，一定の速さで回っているときはその勢いを表す量である．回転軸からの距離が ρ の質量 m の質点の慣性モーメントは $I = m\rho^2$．

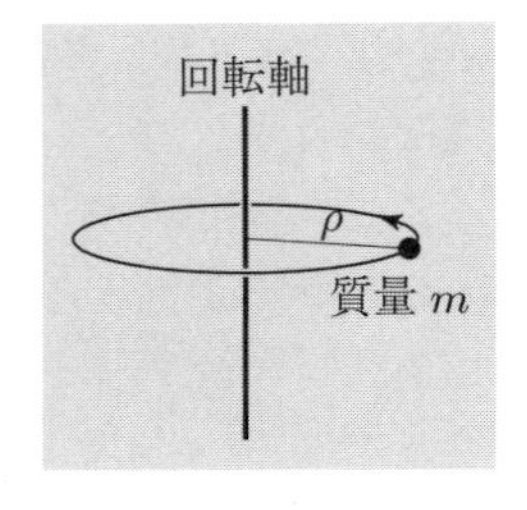

複数の質点が一体となって回転運動するときの慣性モーメントはそれぞれの質点が作る慣性モーメントの和である．さらに連続体の場合は，細分割し，それぞれが質点だと思って求めた慣性モーメントの総和が全体の慣性モーメントである．

線積分を使った慣性モーメントの計算

例題 A.1

質量 m の一様な長さ a の棒があり，回転軸は棒の端を通り棒と垂直としたとき，棒の慣性モーメント I を求めよ．

解答 図のように x 軸をとり，$x \sim x + dx$ までの微小部分を考える．長さあたりの質量は $\frac{m}{a}$ だから，斜線部の質量は $\frac{m}{a}dx$．

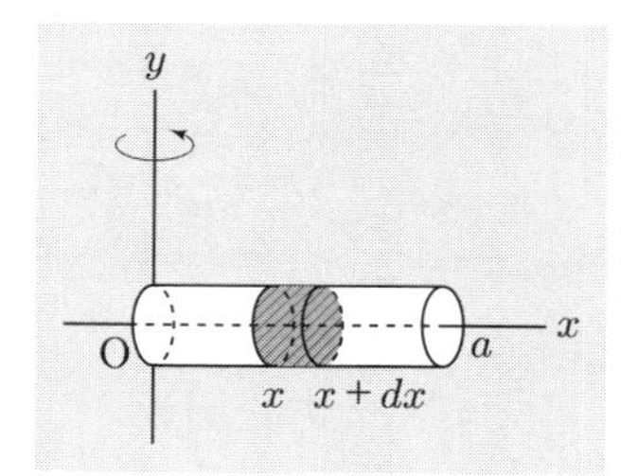

また，斜線部の回転軸からの距離は x だから，斜線部の慣性モーメントは $x^2\frac{m}{a}dx$．これを棒全体にわたり足し上げたものが慣性モーメントである．

$$I = \int_0^a \frac{x^2 m\,dx}{a} = \frac{m}{a}\left[\frac{x^3}{3}\right]_0^a = \frac{1}{3}ma^2$$ ◆

補足　この棒では，$x = \frac{a}{\sqrt{3}} \approx 0.577a$ の位置に全ての質量が集まったものと，慣性モーメントは同じということになる． ◆

問　題

A.2　質量 m の一様な半径 a の円環（円弧のみ）があり，回転軸は円の 1 つの直径を貫いているとする．この円環の慣性モーメント I を求めよ．

ヒント 円を $(a\cos t, a\sin t)(0 \leq t \leq 2\pi)$，回転軸を y 軸とする．$t \sim t + dt$ に対応する部分を考える．

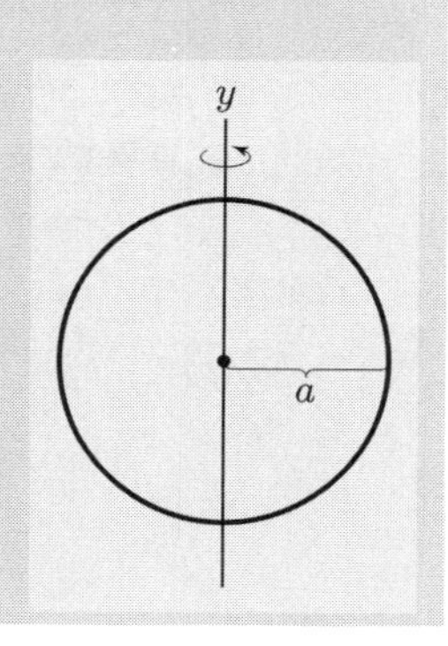

面積分を使った慣性モーメントの計算

例題 A.2

質量 m の一様な半径 a の薄い円板があり，回転軸は円の 1 つの直径を貫いているとする．この円板の慣性モーメント I を求めよ．

解答 円板を $x^2 + y^2 \leq a^2$ とし，回転軸を y 軸とする．円板は極座標で $0 \leq r \leq a, 0 \leq \theta \leq 2\pi$ と表せる．

微小領域 $r \sim r + dr, \theta \sim \theta + d\theta$ は面積 $dS = r\,drd\theta$ だからその質量は

$$dm = \frac{m}{\pi a^2} dS = \frac{m\,r}{\pi a^2} drd\theta$$

である．またこの領域の回転軸からの距離は $|r \cos\theta|$ である．

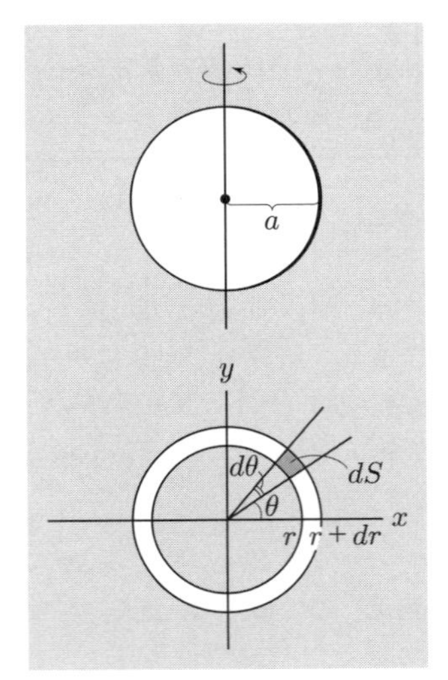

$$\begin{aligned} I &= \int_0^a dr \int_0^{2\pi} d\theta \, \frac{m\,r}{\pi a^2} (r \cos\theta)^2 \\ &= \frac{m}{\pi a^2} \int_0^a r^3 \, dr \int_0^{2\pi} \cos^2\theta \, d\theta \\ &= \frac{m}{\pi a^2} \left[\frac{r^4}{4} \right]_0^a \left[\frac{\theta}{2} + \frac{\sin(2\theta)}{4} \right]_0^{2\pi} \\ &= \frac{m}{\pi a^2} \frac{a^4}{4} \pi = \frac{ma^2}{4} \end{aligned}$$

◆

問　題

A.3 質量 m の一様な半径 a の薄い球殻があり，回転軸は球の 1 つの直径を貫いているとする．この球殻の慣性モーメント I を求めよ．

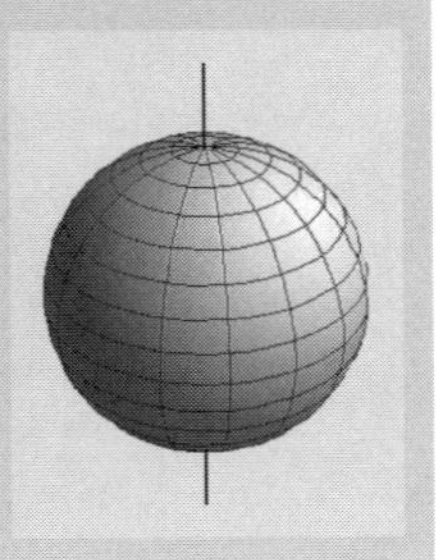

体積分を使った慣性モーメントの計算

例題 A.3

質量 m の一様な半径 a の（中身のつまった）球があり，回転軸は球の 1 つの直径を貫いているとする．この球の慣性モーメント I を求めよ．

解答 球を $x^2+y^2+z^2 \leq a^2$，回転軸を z 軸とする．球座標を使うと球は，$0 \leq r \leq a$, $0 \leq \theta \leq \pi$, $0 \leq \phi \leq 2\pi$ と表せる．微小領域 $r \sim r+dr, \theta \sim \theta+d\theta, \phi \sim \phi+d\phi$ は体積 $dV = r^2 \sin\theta\, dr d\theta d\phi$ だから，その質量は

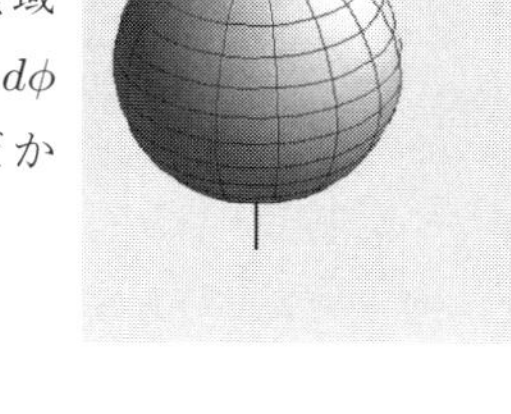

$$
\begin{aligned}
dm &= \frac{m}{\frac{4\pi a^3}{3}} dV \\
&= \frac{3mr^2 \sin\theta}{4\pi a^3} dr d\theta d\phi
\end{aligned}
$$

である．またこの領域の回転軸からの距離は $r\sin\theta$.

$$
\begin{aligned}
I &= \int_0^a dr \int_0^\pi d\theta \int_0^{2\pi} d\phi\, \frac{3mr^2 \sin\theta}{4\pi a^3} (r\sin\theta)^2 \\
&= \frac{3m}{4\pi a^3} \int_0^a r^4\, dr \int_0^\pi \sin^3\theta\, d\theta\, 2\pi \\
&= \frac{3m}{2a^3} \left[\frac{r^5}{5}\right]_0^a \left[-\cos\theta\, \sin^2\theta - \frac{2\cos^3\theta}{3}\right]_0^\pi = \frac{3m}{2a^3}\frac{a^5}{5}\frac{4}{3} = \frac{2ma^2}{5}
\end{aligned}
$$

◆

問　題

A.4 質量 m の一様な一辺の長さ a の立方体があり，回転軸は対面の中心同士を結んだ線とする．この立方体の慣性モーメントを求めよ．

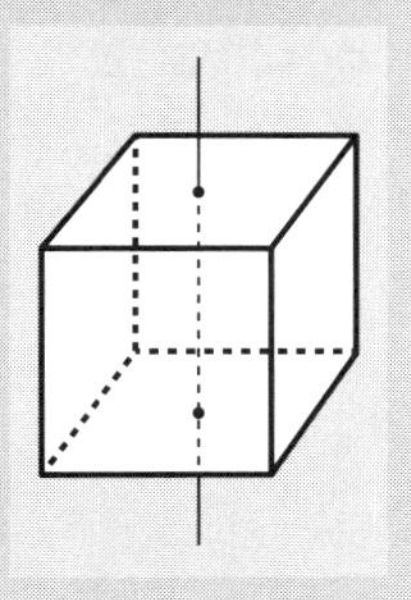

A.3 流体力学

ナビエ–ストークス方程式 (Navier-Stokes equation)

$$\rho\Big(\underbrace{\frac{\partial \boldsymbol{u}}{\partial t}}_{\text{時間微分項}}+\underbrace{(\boldsymbol{u}\cdot\nabla)\boldsymbol{u}}_{\text{移流項}}\Big)=\underbrace{-\operatorname{grad}p}_{\text{圧力項}}+\underbrace{\nu\nabla^2\boldsymbol{u}}_{\text{粘性項}}+\underbrace{\boldsymbol{f}}_{\text{外力項}}$$

ρ : 質量密度場, $\boldsymbol{u}$: 速度場, p : 圧力場,

ν : 動粘性係数, $\boldsymbol{f}$: 外力場　(場は t, x, y, z の関数)

ナビエ–ストークス方程式は流体を構成する質量に対する運動方程式である．左辺は質量と加速度の積，右辺は力として理解していこう．

まず左辺について．速度場 $\boldsymbol{u}$ は時刻 t と位置 $\boldsymbol{x}$ の関数であり，$\boldsymbol{u}(t, \boldsymbol{x})$ と考える．左辺は同一粒子の “質量 × 速度変化” であると考える．$(t, \boldsymbol{x})$ にあった粒子は dt 秒後には $(t + dt, \boldsymbol{x} + \boldsymbol{u}\,dt)$ にあるので，同一粒子としての時間変化は

$$\boldsymbol{u}(t+dt, \boldsymbol{x}+\boldsymbol{u}\,dt)-\boldsymbol{u}(t, \boldsymbol{x})$$

である．よって同一粒子の加速度は

$$\lim_{dt\to 0}\frac{1}{dt}\left(\boldsymbol{u}(t+dt, \boldsymbol{x}+\boldsymbol{u}\,dt)-\boldsymbol{u}(t, \boldsymbol{x})\right)=\frac{\partial \boldsymbol{u}}{\partial t}+(\boldsymbol{u}\cdot\nabla)\boldsymbol{u}$$

となり，これに質量密度をかけたものが左辺となる．

次に右辺について．圧力項は圧力の勾配による力である．圧力 (pressure) は高い方から低い方へ力を生ずる．(気圧配置図で高気圧から低気圧へ風が吹く．) $\operatorname{grad}p$ が勾配であって，その逆方向に力が働く．標高の勾配の逆に力が働くのと同じである．

粘性項は速度にむらがあるとき，それを少なくしようとする力である．p.76 で述べたように，$\nabla^2 f$ は周りに比べて低い度合いである．周りに比べて速さが遅いときは前に引っ張られる．逆に周りに比べて速さが速いときは後ろに引っ張られる，という具合である．

外力項は，何らかの要因で上の力以外の力が働いたとき考える．例えば，重力や電磁気力が働いたときである．

A.4 座標系によらないこと

座標系によらないことが大事

(1) 点ごとに実数が得られるが，スカラー場ではない例．

ベクトルの成分，例えば $v_x(x,y)$ は 2 変数関数なので，確かに点ごとに実数 v_x を指定することができる．ただこれは座標系に依存したもので，スカラー場とはいわない．正確に言えば,「スカラー場とは，点ごとにスカラーが得られるが，その決まり方が座標系によらないもの.」という条件が付くのである．

(2) 点ごとにベクトルが得られるが，ベクトル場ではない例．

あるベクトル場 $\boldsymbol{v}$ と異なる点 $\mathrm{P}_1, \mathrm{P}_2$ について，$\boldsymbol{v}(\mathrm{P}_1) + \boldsymbol{v}(\mathrm{P}_2)$ がどういう意味を持つのか考える．成分で書けば，$\mathrm{P}_1(x_1, y_1)$, $\mathrm{P}_2(x_2, y_2)$ とすれば，$\boldsymbol{v}(\mathrm{P}_1) + \boldsymbol{v}(\mathrm{P}_2) = (v_x(x_1,y_1) + v_x(x_2,y_2), v_y(x_1,y_1) + v_y(x_2,y_2))$ と書けるであろうが，これはどの点でのベクトルであるか？ どこでも同じではないか，と考えたくなるが，それは xy 座標だからで，一般には基本ベクトルは場所によって変化する．それをとりあえず $\mathrm{P}_3(x_3, y_3)$ とすれば，

$$
\begin{aligned}
&(\boldsymbol{v}(\mathrm{P}_1) + \boldsymbol{v}(\mathrm{P}_2))(\mathrm{P}_3) \\
&= (v_x(x_1,y_1) + v_x(x_2,y_2))\boldsymbol{e}_x(x_3,y_3) + (v_y(x_1,y_1) + v_y(x_2,y_2))\boldsymbol{e}_y(x_3,y_3)
\end{aligned}
$$

としておこう．しかしこれは，座標系を極座標にしたときの

$$
\begin{aligned}
&(\boldsymbol{v}(\mathrm{P}_1) + \boldsymbol{v}(\mathrm{P}_2))(\mathrm{P}_3) \\
&= (v_r(r_1,\theta_1) + v_r(r_2,\theta_2))\boldsymbol{e}_r(r_3,\theta_3) + (v_\theta(r_1,\theta_1) + v_\theta(r_2,\theta_2))\boldsymbol{e}_y(r_3,\theta_3)
\end{aligned}
$$

とは一致しない．つまり，異なる点でのベクトルの和は，座標系に依存した意味しか持たない，ということになり，ベクトル場とはいわない．正確に言えば「ベクトル場とは，点ごとにベクトルが得られるが，その決まり方が座標系によらないもの.」という条件がつく．この条件が，5 章で扱うベクトル場の積分が，スカラーになってベクトルにならない理由である．ベクトル場の体積分がない理由でもある．

(3) なぜ「座標系によらない」ということがそんなに大事なのか．自然現象を扱いたいとき，座標系を利用して量として評価する．それを解析（微分したり，積分したり）して，別の量を得る．その結果を，再び座標系で，自然に戻してやるのである．そうすることで，自然の再現や予測ができるのである．

$$
\text{自然} \xrightarrow[\text{座標系}]{} \text{人工的な量} \xrightarrow[\text{量の解析}]{} \text{人工的な量} \xrightarrow[\text{座標系}]{} \text{自然}
$$

このとき，最後に得られた自然が，座標系によるとは思えない．座標系は，人間が自然を量的に評価するために使った道具である．得られた量は人工的な量となる．座標系によらずに自然に戻してこそ，自然の再現が可能なのだ．

(4) これと似たことに，「単位の異なるものを足してはいけない」ということがある．自然における長さを，m（メートル）という単位を使って人工的な量にしている．この単位は逆の操作もでき，人工的な量 ℓ から「ℓ m のもの」という自然に返す操作も可能だ．

$$\text{自然} \xrightarrow[\text{単位系}]{} \text{人工的な量} \xrightarrow[\text{量の解析}]{} \text{人工的な量} \xrightarrow[\text{単位系}]{} \text{自然}$$

複数の対象を，同じ m で評価された量を足し，それを再び m という評価によって自然に戻すことが可能である．しかし，長さ m（メートル）と重さ g（グラム）を，量的に足すことは可能だが，自然としては意味を持たない．自然を再現するという目的を意識すると，「単位の異なるものを足してはいけない」ということになるのである．

A.5 ベクトル場のラプラシアン

ここではベクトル場にラプラシアン作用素を作用させることを考える．

$$\nabla^2 \boldsymbol{v} = (\partial_x^2 + \partial_y^2 + \partial_z^2)(v_x, v_y, v_z)$$

となるが，これを grad , div , rot を使って表す．スカラー場に対してのラプラシアンに関する公式

$$\nabla^2 f = \operatorname{div} \operatorname{grad} f$$

(p.76 の (8.4)，p.81 の (8.12)) はベクトル場に対しては成り立たない．また，極座標，球座標，円柱座標でのラプラシアン

$$\nabla^2 f = (\partial_r^2 f) + \frac{1}{r}(\partial_r f) + \frac{1}{r^2}(\partial_\theta^2 f) \quad (\text{p.78 の (8.6)})$$

$$\nabla^2 f = \frac{1}{r^2}\partial_r \left(r^2\, \partial_r f\right) + \frac{1}{r^2 \sin\theta}\partial_\theta \left(\sin\theta\, \partial_\theta f\right) + \frac{1}{r^2 \sin^2\theta}(\partial_\phi^2 f) \quad (\text{p.82 の (8.15)})$$

$$\nabla^2 f = \frac{1}{\rho}\partial_\rho \left(\rho \partial_\rho f\right) + \frac{1}{\rho^2}(\partial_\phi^2 f) + (\partial_z^2 f) \quad (\text{p.82 の (8.16)})$$

は，ベクトル場については成り立たない．

ベクトル場のラプラシアン（2 次元）

例題 A.4

$\nabla^2 \boldsymbol{v} = (\nabla^2 v_x)\boldsymbol{e}_x + (\nabla^2 v_y)\boldsymbol{e}_y$，極座標でのラプラシアン (p.78)，成分の極座標変換 (p.32)，基本ベクトルの極座標変換 (p.23) を用いて，次のことを示せ．

$$\nabla^2 \boldsymbol{v} = (\nabla^2 v_r - r^{-2}\, v_r - 2r^{-2}\,\partial_\theta v_\theta)\boldsymbol{e}_r + (\nabla^2 v_\theta - r^{-2}\, v_\theta + 2r^{-2}\,\partial_\theta v_r)\boldsymbol{e}_\theta$$

解答

$$\begin{aligned}
\nabla^2 \boldsymbol{v} &= (\nabla^2 v_x)\boldsymbol{e}_x + (\nabla^2 v_y)\boldsymbol{e}_y \\
&= \left(\partial_r^2 + \frac{\partial_r}{r} + \frac{\partial_\theta^2}{r^2}\right)(\cos\theta\, v_r - \sin\theta\, v_\theta)(\cos\theta\,\boldsymbol{e}_r - \sin\theta\,\boldsymbol{e}_\theta) \\
&\quad + \left(\partial_r^2 + \frac{\partial_r}{r} + \frac{\partial_\theta^2}{r^2}\right)(\sin\theta\, v_r + \cos\theta\, v_\theta)(\sin\theta\,\boldsymbol{e}_r + \cos\theta\,\boldsymbol{e}_\theta) \\
&= \Big\{\cos\theta\,\partial_r^2 v_r - \sin\theta\,\partial_r^2 v_\theta + \cos\theta\,\frac{\partial_r v_r}{r} - \sin\theta\,\frac{\partial_r v_\theta}{r} \\
&\quad - \frac{1}{r^2}\cos\theta\, v_r - \frac{2}{r^2}\sin\theta\,\partial_\theta v_r + \frac{1}{r^2}\cos\theta\,\partial_\theta^2 v_r \\
&\quad + \frac{1}{r^2}\sin\theta\, v_\theta - \frac{2}{r^2}\cos\theta\,\partial_\theta v_\theta - \frac{1}{r^2}\sin\theta\,\partial_\theta^2 v_\theta\Big\}(\cos\theta\,\boldsymbol{e}_r - \sin\theta\,\boldsymbol{e}_\theta) \\
&\quad + \Big\{\sin\theta\,\partial_r^2 v_r + \cos\theta\,\partial_r^2 v_\theta + \sin\theta\,\frac{\partial_r v_r}{r} + \cos\theta\,\frac{\partial_r v_\theta}{r} \\
&\quad - \frac{1}{r^2}\sin\theta\, v_r + \frac{2}{r^2}\cos\theta\,\partial_\theta v_r + \frac{1}{r^2}\sin\theta\,\partial_\theta^2 v_r \\
&\quad - \frac{1}{r^2}\cos\theta\, v_\theta - \frac{2}{r^2}\sin\theta\,\partial_\theta v_\theta + \frac{1}{r^2}\cos\theta\,\partial_\theta^2 v_\theta\Big\}(\sin\theta\,\boldsymbol{e}_r + \cos\theta\,\boldsymbol{e}_\theta),
\end{aligned}$$

$$\begin{aligned}
(\nabla^2 \boldsymbol{v})_r =\ & \cos^2\theta\,\partial_r^2 v_r - \sin\theta\cos\theta\,\partial_r^2 v_\theta + \cos^2\theta\,\frac{\partial_r v_r}{r} - \sin\theta\cos\theta\,\frac{\partial_r v_\theta}{r} \\
& - \frac{1}{r^2}\cos^2\theta\, v_r - 2\frac{1}{r^2}\sin\theta\cos\theta\,\partial_\theta v_r + \frac{1}{r^2}\cos^2\theta\,\partial_\theta^2 v_r \\
& + \frac{1}{r^2}\sin\theta\cos\theta\, v_\theta - \frac{2}{r^2}\cos^2\theta\,\partial_\theta v_\theta - \frac{1}{r^2}\sin\theta\cos\theta\,\partial_\theta^2 v_\theta \\
& + \sin^2\theta\,\partial_r^2 v_r + \sin\theta\cos\theta\,\partial_r^2 v_\theta + \sin^2\theta\,\frac{\partial_r v_r}{r} + \sin\theta\cos\theta\,\frac{\partial_r v_\theta}{r} \\
& - \frac{1}{r^2}\sin^2\theta\, v_r + \frac{2}{r^2}\sin\theta\cos\theta\,\partial_\theta v_r + \frac{1}{r^2}\sin^2\theta\,\partial_\theta^2 v_r \\
& - \frac{1}{r^2}\sin\theta\cos\theta\, v_\theta - \frac{2}{r^2}\sin^2\theta\,\partial_\theta v_\theta + \frac{1}{r^2}\sin\theta\cos\theta\,\partial_\theta^2 v_\theta \\
=\ & \partial_r^2 v_r + \frac{\partial_r v_r}{r} + \frac{1}{r^2}\,\partial_\theta^2 v_r - \frac{1}{r^2}\, v_r - \frac{2}{r^2}\,\partial_\theta v_\theta \\
=\ & \nabla^2 v_r - \frac{1}{r^2}\, v_r - \frac{2}{r^2}\,\partial_\theta v_\theta,
\end{aligned}$$

$$
\begin{aligned}
(\nabla^2 \boldsymbol{v})_\theta = & -\sin\theta\cos\theta\,\partial_r^2 v_r + \sin^2\theta\,\partial_r^2 v_\theta - \sin\theta\cos\theta\,\frac{\partial_r v_r}{r} + \sin^2\theta\,\frac{\partial_r v_\theta}{r} \\
& + \frac{1}{r^2}\sin\theta\cos\theta\,v_r + \frac{2}{r^2}\sin^2\theta\,\partial_\theta v_r - \frac{1}{r^2}\sin\theta\cos\theta\,\partial_\theta^2 v_r \\
& - \frac{1}{r^2}\sin^2\theta\,v_\theta + \frac{2}{r^2}\sin\theta\cos\theta\,\partial_\theta v_\theta + \frac{1}{r^2}\sin^2\theta\,\partial_\theta^2 v_\theta \\
& + \sin\theta\cos\theta\,\partial_r^2 v_r + \cos^2\theta\,\partial_r^2 v_\theta + \sin\theta\cos\theta\,\frac{\partial_r v_r}{r} + \cos^2\theta\,\frac{\partial_r v_\theta}{r} \\
& - \frac{1}{r^2}\sin\theta\cos\theta\,v_r + \frac{2}{r^2}\cos^2\theta\,\partial_\theta v_r + \frac{1}{r^2}\sin\theta\cos\theta\,\partial_\theta^2 v_r \\
& - \frac{1}{r^2}\cos^2\theta\,v_\theta - \frac{2}{r^2}\sin\theta\cos\theta\,\partial_\theta v_\theta + \frac{1}{r^2}\cos^2\theta\,\partial_\theta^2 v_\theta \\
= & \frac{2}{r^2}\,\partial_\theta v_r + \partial_r^2 v_\theta + \frac{\partial_r v_\theta}{r} + \frac{1}{r^2}\partial_\theta^2 v_\theta - \frac{1}{r^2} v_\theta \\
= & \nabla^2 v_\theta - \frac{1}{r^2} v_\theta + \frac{2}{r^2}\,\partial_\theta v_r
\end{aligned}
$$

◆

ベクトル場のラプラシアン（3 次元）

$\nabla^2 = \partial_x^2 + \partial_y^2 + \partial_z^2$ をスカラー場 f に作用すると $\nabla^2 f = \mathrm{div}\,\mathrm{grad}\,f$ (p.81) であった．しかし，$\nabla^2 = \mathrm{div}\,\mathrm{grad}$ はベクトル場に対しては正しくない．

例題 A.5

次のことを示せ．

$$\nabla^2 \boldsymbol{v} = \mathrm{grad}\,(\mathrm{div}\,\boldsymbol{v}) - \mathrm{rot}\,(\mathrm{rot}\,\boldsymbol{v})$$

解答

$$
\begin{aligned}
\text{右辺} = & \ \mathrm{grad}\,(\partial_x v_x + \partial_y v_y + \partial_z v_z) \\
& - \mathrm{rot}\,(\partial_y v_z - \partial_z v_y, \partial_z v_x - \partial_x v_z, \partial_x v_y - \partial_y v_x), \\
\text{右辺}_x = & \ \partial_x(\partial_x v_x + \partial_y v_y + \partial_z v_z) \\
& - \partial_y(\partial_x v_y - \partial_y v_x) + \partial_z(\partial_z v_x - \partial_x v_z) \\
= & \ (\partial_x^2 + \partial_y^2 + \partial_z^2) v_x = \text{左辺}_x \qquad y, z\ \text{成分も同様}
\end{aligned}
$$

◆

問　題

球座標でのベクトル場ラプラシアン

A.5 $\nabla^2 \boldsymbol{v} = \mathrm{grad}\,(\mathrm{div}\,\boldsymbol{v}) - \mathrm{rot}\,(\mathrm{rot}\,\boldsymbol{v})$ (p.162)，球座標での勾配 (p.72)，球座標での発散 (p.81)，球座標での回転 (p.91) を用いて，次のことを示せ．

$$\begin{aligned}\nabla^2 \boldsymbol{v} = &\Big(\nabla^2 v_r - 2r^{-2} v_r - 2r^{-2}\partial_\theta v_\theta - \frac{2\cos\theta}{r^2 \sin\theta}\partial_\theta v_\theta - \frac{2}{r^2\sin\theta}\partial_\phi v_\phi\Big)\boldsymbol{e}_r \\ &+ \Big(\frac{2}{r}\partial_\theta v_r + \nabla^2 v_\theta - \frac{v_\theta}{r^2\sin^2\theta} - \frac{2\cos\theta}{\sin^2\theta}\partial_\phi v_\phi\Big)\boldsymbol{e}_\theta \\ &+ \Big(\frac{2}{r^2\sin^2\theta}\partial_\phi v_r + \frac{2\cos\theta}{r^2\sin^2\theta}\partial_\phi v_\theta + \nabla^2 v_\phi - \frac{1}{r^2\sin^2\theta}v_\phi\Big)\boldsymbol{e}_\phi\end{aligned}$$

A.6

$$\nabla^2 \boldsymbol{v} = (\nabla^2 v_x)\boldsymbol{e}_x + (\nabla^2 v_y)\boldsymbol{e}_y + (\nabla^2 v_z)\boldsymbol{e}_z$$

球座標でのラプラシアン (p.82)，成分の球座標変換 (p.33)，基本ベクトルの球座標変換 (p.26) を用いて，前問と同じことを示せ．

円柱座標でのベクトル場ラプラシアン

A.7 $\nabla^2 \boldsymbol{v} = \mathrm{grad}\,(\mathrm{div}\,\boldsymbol{v}) - \mathrm{rot}\,(\mathrm{rot}\,\boldsymbol{v})$ (p.162)，円柱座標での勾配 (p.72)，円柱座標での発散 (p.81)，円柱座標での回転 (p.90) を用いて，次のことを示せ．

$$\begin{aligned}\nabla^2 \boldsymbol{v} = &\Big(\nabla^2 v_\rho - 2\rho^{-2} v_\rho - 2\rho^{-2}\partial_\phi v_\phi\Big)\boldsymbol{e}_\rho \\ &+ \Big(\frac{2}{\rho^2}\partial_\theta v_\rho + \nabla^2 v_\phi - \frac{1}{r^2}v_\phi\Big)\boldsymbol{e}_\phi + \nabla^2 v_z \boldsymbol{e}_z\end{aligned}$$

A.8

$$\nabla^2 \boldsymbol{v} = (\nabla^2 v_x)\boldsymbol{e}_x + (\nabla^2 v_y)\boldsymbol{e}_y + (\nabla^2 v_z)\boldsymbol{e}_z$$

円柱座標でのラプラシアン (p.82)，成分の円柱座標変換 (p.34)，基本ベクトルの円柱座標変換 (p.27) を用いて，前問と同じことを示せ．

演習問題

◆**1**　（線積分）次の剛体の慣性モーメントを求めよ．剛体の質量は m とし，質量分布は一様とする．

(1)　長さ a の棒の端点が回転軸と交わり，回転軸となす角は α.

(2)　半径 a の円環で，回転軸は円の中心を通り，円の法線と回転軸のなす角は α.

(3)　曲線 $a(t-\sin t, \cos t)$ $(0 \leq t \leq 2\pi)$ で，回転軸は x 軸とする．

(4)　曲線 $y = \cosh x$ $(-1 \leq x \leq 1)$ で，回転軸は y 軸とする．

◆**2**　（面積分）次の剛体の慣性モーメントを求めよ．

(1)　半径 a の円板で，回転軸は円の中心を通り，円板の法線と回転軸のなす角は θ.

(2)　一辺の長さ a の正方形板で，回転軸は正方形の中心を通り，正方形の法線と回転軸のなす角は α.

(3)　$z = x^2 + y^2 \leq 2$ と表される曲面で，回転軸は z 軸．

(4)　一辺の長さ a の立方体の表面で，回転軸は立方体の一辺を含む．

◆**3**　（体積分）次の剛体の慣性モーメントを求めよ．

(1)　一辺の長さ a の（中身のつまった）立方体で，回転軸は立方体の一辺を含む．

(2)　$a \geq z = \sqrt{x^2 + y^2}$ で，回転軸は z 軸．

(3)　半径 a の（中身のつまった）球で，回転軸は球と接する．

(4)　$\dfrac{x^2}{a^2} + \dfrac{y^2}{b^2} + \dfrac{z^2}{c^2} \leq 1$，回転軸は z 軸．

付録B

座標変換の公式集

極座標の公式

- 座標　$x = r\cos\theta, y = r\sin\theta, r = \sqrt{x^2+y^2}, \theta = \arg(x,y), \tan\theta = \dfrac{y}{x}$
- 標準的な範囲　$0 \leq r < \infty, 0 \leq \theta \leq 2\pi$
- ヤコビ行列

$$\begin{bmatrix} \dfrac{\partial x}{\partial r} & \dfrac{\partial x}{\partial \theta} \\ \dfrac{\partial y}{\partial r} & \dfrac{\partial y}{\partial \theta} \end{bmatrix} = \begin{bmatrix} \cos\theta & -r\sin\theta \\ \sin\theta & r\cos\theta \end{bmatrix}, \quad \begin{bmatrix} \dfrac{\partial r}{\partial x} & \dfrac{\partial r}{\partial y} \\ \dfrac{\partial \theta}{\partial x} & \dfrac{\partial \theta}{\partial y} \end{bmatrix} = \begin{bmatrix} \cos\theta & \sin\theta \\ -\dfrac{\sin\theta}{r} & \dfrac{\cos\theta}{r} \end{bmatrix}$$

- 基本ベクトル

$$\boldsymbol{e}_r = \cos\theta\,\boldsymbol{e}_x + \sin\theta\,\boldsymbol{e}_y,\ \boldsymbol{e}_\theta = -\sin\theta\,\boldsymbol{e}_x + \cos\theta\,\boldsymbol{e}_y,$$

$$\boldsymbol{e}_x = \cos\theta\,\boldsymbol{e}_r - \sin\theta\,\boldsymbol{e}_\theta,\ \boldsymbol{e}_y = \sin\theta\,\boldsymbol{e}_r + \cos\theta\,\boldsymbol{e}_\theta$$

- 成分

$$v_r = \cos\theta\,v_x + \sin\theta\,v_y,\ v_\theta = -\sin\theta\,v_x + \cos\theta\,v_y,$$

$$v_x = \cos\theta\,v_r - \sin\theta\,v_\theta,\ v_y = \sin\theta\,v_r + \cos\theta\,v_\theta$$

- 微分作用素

$$\partial_r = \cos\theta\,\partial_x + \sin\theta\,\partial_y,\ \partial_\theta = -r\sin\theta\,\partial_x + r\cos\theta\,\partial_y,$$

$$\partial_x = \cos\theta\,\partial_r - \frac{\sin\theta}{r}\,\partial_\theta,\ \partial_y = \sin\theta\,\partial_r + \frac{\cos\theta}{r}\,\partial_\theta$$

- 微分

$$\mathrm{grad}\,f = (\partial_r f)\,\boldsymbol{e}_r + \frac{1}{r}(\partial_\theta f)\boldsymbol{e}_\theta,$$

$$\mathrm{div}\,\boldsymbol{v} = (\partial_r v_r) + \frac{1}{r}v_r + \frac{1}{r}(\partial_\theta v_\theta),$$

$$\mathrm{rot}\,\boldsymbol{v} = (\partial_r v_\theta) - \frac{1}{r}(\partial_\theta v_r) + \frac{1}{r}v_\theta,$$

$$\nabla^2 f = (\partial_r^2 f) + \frac{1}{r}(\partial_r f) + \frac{1}{r^2}(\partial_\theta^2 f)$$

球座標の公式

- 座標　$x = r\sin\theta\cos\phi, y = r\sin\theta\sin\phi, z = r\cos\theta,$
  $r = \sqrt{x^2+y^2+z^2}, \theta = \arg(z, \sqrt{x^2+y^2}), \phi = \arg(x, y)$
- 標準的な範囲　$0 \le r < \infty, 0 \le \theta \le 2\pi, 0 \le \phi \le \pi$
- ヤコビ行列

$$\frac{\partial(x,y,z)}{\partial(r,\theta,\phi)} = \begin{bmatrix} \sin\theta\cos\phi & r\cos\theta\cos\phi & -r\sin\theta\sin\phi \\ \sin\theta\sin\phi & r\cos\theta\sin\phi & r\sin\theta\cos\phi \\ \cos\theta & -r\sin\theta & 0 \end{bmatrix},$$

$$J = \det\frac{\partial(x,y,z)}{\partial(r,\theta,\phi)} = r^2\sin\theta,$$

$$\frac{\partial(r,\theta,\phi)}{\partial(x,y,z)} = \begin{bmatrix} \sin\theta\cos\phi & \sin\theta\sin\phi & \cos\theta \\ \frac{1}{r}\cos\theta\cos\phi & \frac{1}{r}\cos\theta\sin\phi & -\frac{1}{r}\sin\theta \\ -\frac{\sin\phi}{r\sin\theta} & \frac{\cos\phi}{r\sin\theta} & 0 \end{bmatrix}$$

- 基本ベクトル

$$\boldsymbol{e}_r = \sin\theta\cos\phi\,\boldsymbol{e}_x + \sin\theta\sin\phi\,\boldsymbol{e}_y + \cos\theta\,\boldsymbol{e}_z,$$
$$\boldsymbol{e}_\theta = \cos\theta\cos\phi\,\boldsymbol{e}_x + \cos\theta\sin\phi\,\boldsymbol{e}_y - \sin\theta\,\boldsymbol{e}_z,$$
$$\boldsymbol{e}_\phi = -\sin\phi\,\boldsymbol{e}_x + \cos\phi\,\boldsymbol{e}_y,$$
$$\boldsymbol{e}_x = \sin\theta\cos\phi\,\boldsymbol{e}_r + \cos\theta\cos\phi\,\boldsymbol{e}_\theta - \sin\phi\,\boldsymbol{e}_\phi,$$
$$\boldsymbol{e}_y = \sin\theta\sin\phi\,\boldsymbol{e}_r + \cos\theta\sin\phi\,\boldsymbol{e}_\theta + \cos\phi\,\boldsymbol{e}_\phi,$$
$$\boldsymbol{e}_z = \cos\theta\,\boldsymbol{e}_r - \sin\theta\,\boldsymbol{e}_\theta$$

- 成分

$$v_r = \sin\theta\cos\phi\,v_x + \sin\theta\sin\phi\,v_y + \cos\theta\,v_z,$$
$$v_\theta = \cos\theta\cos\phi\,v_x + \cos\theta\sin\phi\,v_y - \sin\theta\,v_z,$$
$$v_\phi = -\sin\phi\,v_x + \cos\phi\,v_y,$$
$$v_x = \sin\theta\cos\phi\,v_r + \cos\theta\cos\phi\,v_\theta - \sin\phi\,v_\phi,$$
$$v_y = \sin\theta\sin\phi\,v_r + \cos\theta\sin\phi\,v_\theta + \cos\phi\,v_\phi,$$
$$v_z = \cos\theta\,v_r - \sin\theta\,v_\theta$$

- 微分作用素

$$\partial_x = \sin\theta\cos\phi\,\partial_r + \frac{\cos\theta\cos\phi}{r}\,\partial_\theta - \frac{\sin\phi}{r\sin\theta}\,\partial_\phi,$$
$$\partial_y = \sin\theta\sin\phi\,\partial_r + \frac{\cos\theta\sin\phi}{r}\,\partial_\theta + \frac{\cos\phi}{r\sin\theta}\,\partial_\phi,$$
$$\partial_z = \cos\theta\,\partial_r - \frac{\sin\theta}{r}\,\partial_\theta,$$
$$\partial_r = \sin\theta\cos\phi\,\partial_x + \sin\theta\sin\phi\,\partial_y + \cos\theta\,\partial_z,$$
$$\partial_\theta = r\cos\theta\cos\phi\,\partial_x + r\cos\theta\sin\phi\,\partial_y - r\sin\theta\,\partial_z,$$
$$\partial_\phi = -r\sin\theta\sin\phi\,\partial_x + r\sin\theta\cos\phi\,\partial_y$$

- 微分

$$\mathrm{grad}\,f = (\partial_r f)\boldsymbol{e}_r + \frac{\partial_\theta f}{r}\boldsymbol{e}_\theta + \frac{\partial_\phi f}{r\sin\theta}\boldsymbol{e}_\phi,$$
$$\mathrm{div}\,\boldsymbol{v} = \frac{\partial_r(r^2 v_r)}{r^2} + \frac{\partial_\theta(\sin\theta\,v_\theta)}{r\sin\theta} + \frac{\partial_\phi v_\phi}{r\sin\theta},$$
$$\mathrm{rot}\,\boldsymbol{v} = \frac{\partial_\theta(\sin\theta\,v_\phi) - \partial_\phi v_\theta}{r\sin\theta}\boldsymbol{e}_r + \frac{\partial_\phi v_r - \sin\theta\,\partial_r(r v_\phi)}{r\sin\theta}\boldsymbol{e}_\theta + \frac{\partial_r(r v_\theta) - \partial_\theta v_r}{r}\boldsymbol{e}_\phi,$$
$$\nabla^2 f = \frac{1}{r^2}\partial_r\left(r^2\,\partial_r f\right) + \frac{1}{r^2\sin\theta}\partial_\theta\left(\sin\theta\,\partial_\theta f\right) + \frac{1}{r^2\sin^2\theta}(\partial_\phi^2 f)$$

円柱座標の公式

- 座標　$x = \rho\cos\phi, y = \rho\sin\phi, z = z$

  $\rho = \sqrt{x^2+y^2}, \phi = \arg(x,y), z = z$

- 標準的な範囲　$0 \le \rho < \infty, 0 \le \phi < 2\pi, -\infty < z < \infty$
- ヤコビ行列

$$\frac{\partial(x,y,z)}{\partial(\rho,\phi,z)} = \begin{bmatrix} \cos\phi & -\rho\sin\phi & 0 \\ \sin\phi & \rho\cos\phi & 0 \\ 0 & 0 & 1 \end{bmatrix},$$
$$J = \det\frac{\partial(x,y,z)}{\partial(\rho,\phi,z)} = \rho,$$
$$\frac{\partial(\rho,\phi,z)}{\partial(x,y,z)} = \begin{bmatrix} \cos\phi & \sin\phi & 0 \\ -\dfrac{\sin\phi}{\rho} & \dfrac{\cos\phi}{\rho} & 0 \\ 0 & 0 & 1 \end{bmatrix}$$

- 基本ベクトル

$$\boldsymbol{e}_\rho = \cos\phi\,\boldsymbol{e}_x + \sin\phi\,\boldsymbol{e}_y,\ \boldsymbol{e}_\phi = -\sin\phi\,\boldsymbol{e}_x + \cos\phi\,\boldsymbol{e}_y,\ \boldsymbol{e}_z = \boldsymbol{e}_z,$$

$$\boldsymbol{e}_x = \cos\phi\,\boldsymbol{e}_\rho - \sin\phi\,\boldsymbol{e}_\phi,\ \boldsymbol{e}_y = \sin\phi\,\boldsymbol{e}_\rho + \cos\phi\,\boldsymbol{e}_\phi,\ \boldsymbol{e}_z = \boldsymbol{e}_z$$

- 成分

$$v_\rho = \cos\phi\,v_x + \sin\phi\,v_y,\ v_\phi = -\sin\phi\,v_x + \cos\phi\,v_y,\ v_z = v_z,$$

$$v_x = \cos\phi\,v_\rho - \sin\phi\,v_\phi,\ v_y = \sin\phi\,v_\rho + \cos\phi\,v_\phi,\ v_z = v_z$$

- 微分作用素

$$\partial_\rho = \cos\phi\,\partial_x + \sin\phi\,\partial_y,\ \partial_\phi = -\rho\sin\phi\,\partial_x + \rho\cos\phi\,\partial_y,\ \partial_z = \partial_z,$$

$$\partial_x = \cos\phi\,\partial_\rho - \frac{\sin\phi}{\rho}\,\partial_\phi,\ \partial_y = \sin\phi\,\partial_\rho + \frac{\cos\phi}{\rho}\,\partial_\phi,\ \partial_z = \partial_z$$

- 微分

$$\mathrm{grad}\,f = (\partial_\rho f)\boldsymbol{e}_\rho + \frac{\partial_\phi f}{\rho}\boldsymbol{e}_\phi + (\partial_z f)\boldsymbol{e}_z,$$

$$\mathrm{div}\,\boldsymbol{v} = \frac{1}{\rho}\partial_\rho(\rho v_\rho) + \frac{1}{\rho}\partial_\phi v_\phi + \partial_z v_z,$$

$$\mathrm{rot}\,\boldsymbol{v} = \left(\frac{\partial_\phi v_z}{\rho} - \partial_z v_\phi\right)\boldsymbol{e}_r + (-\partial_\rho v_z + \partial_z v_\rho)\boldsymbol{e}_\phi + \left(\partial_\rho v_\phi - \frac{\partial_\phi v_\rho}{\rho} + \frac{v_\phi}{\rho}\right)\boldsymbol{e}_z,$$

$$\nabla^2 f = \frac{1}{\rho}\partial_\rho\left(\rho\partial_\rho f\right) + \frac{1}{\rho^2}(\partial_\phi^2 f) + (\partial_z^2 f)$$

問題略解

1章の問題

1.1 28 **1.2** $\dfrac{1}{6}$

1章の演習問題

1 略 **2** (1) $x \neq -1$ (2) $x > -1$ のとき右手系，$x < -1$ のとき左手系

2章の問題

2.1 (1) $\dfrac{x}{\sqrt{1+x^2}}$ (2) $2xe^{x^2}$ (3) $-2\cos x\,\sin x$

2.2 接線：$y = \dfrac{1+x}{\sqrt{2}}$，法線：$y = \sqrt{2}(2-x)$

2.3 (1) $\dfrac{1}{3}(1+t^2)^{3/2}$ (2) $t\sin t + \cos t$ (3) $-t\cos t + \sin t$

(4) $(t^2-2)\sin t + 2t\cos t$ (5) $2t\sin t - (t^2-2)\cos t$

(6) $\dfrac{1}{2}\sin t^2$ (7) $-\dfrac{1}{2}\cos t^2$

2.4 略 **2.5** (1) π (2) π (3) $\dfrac{2}{3}$ (4) $\dfrac{2}{3}$

(5) $\dfrac{\pi}{4}$ (6) $\dfrac{\pi}{2}$ (7) $\dfrac{1}{\sqrt{2}} + \dfrac{1}{2}\log(1+\sqrt{2})$ (8) $\log(1+\sqrt{2})$

(9) $\dfrac{1}{3}(-1+2\sqrt{2})$ (10) $\dfrac{2}{15}(-1+2\sqrt{2})$

2.6 (1) $3x^2y,\ x^3$ (2) $\dfrac{2x}{x^2+y^2},\ \dfrac{2y}{x^2+y^2}$ (3) $\dfrac{x}{\sqrt{x^2+y^2}},\ \dfrac{x}{\sqrt{x^2+y^2}}$

2.7 (1) $0 = \partial_\phi f = -\rho\sin\phi\,\partial_x f + \rho\cos\phi\,\partial_y f = -y\partial_x f + x\partial_y f$

(2) xz 平面上の $z = |x|$ を，z 軸を中心に一回転したもの.

2.8 (1) $\pi(e-1)$ (2) 4π (3) $\pi\sin 1$

2.9 (1) $\dfrac{c}{x^2}$ (2) $\dfrac{c}{x}$ (3) $c_1\log|x| + c_2$

2 章の演習問題

1 (1) $-x(1+x^2)^{-3/2}$ (2) $(1+x^2)^{-3/2}$ (3) $\dfrac{2x}{1+x^2}$

2 (1) $\dfrac{1}{2}\log(1+x^2)$ (2) $\dfrac{1}{2}e^{x^2}$ (3) $\dfrac{x}{2}\sqrt{1+x^2}-\dfrac{1}{2}\log(x+\sqrt{1+x^2})$

3 (1) 0 (2) $-2+\dfrac{\pi}{2}+\log 2$ (3) $\dfrac{3}{2}$

4 (1) $2(x+y), 2(x+y)$ (2) $-2xe^{-x^2-y^2}, -2ye^{-x^2-y^2}$ (3) $\cos x, 0$

5 (1) π (2) 4π (3) $\dfrac{3}{2}\pi$

6 (1) $\dfrac{c}{x^2}$ (2) $\dfrac{c}{x^3}$ (3) cx

3 章の問題

3.1 (i) を $\boldsymbol{e}_x, \boldsymbol{e}_y$ について解けばよい．

3.2

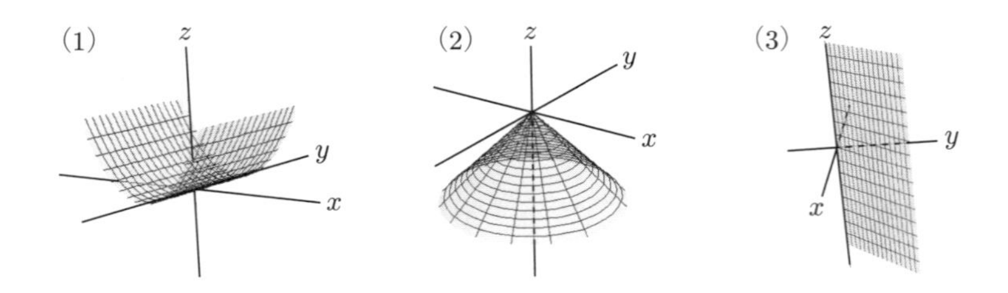

3.3 $(\partial_\theta x)\boldsymbol{e}_x+(\partial_\theta y)\boldsymbol{e}_y+(\partial_\theta z)\boldsymbol{e}_z$ を単位化する．

3.4 (i) を $\boldsymbol{e}_x, \boldsymbol{e}_y, \boldsymbol{e}_z$ について解けばよい．

3.5 $(\partial_\rho x)\boldsymbol{e}_x+(\partial_\rho y)\boldsymbol{e}_y+(\partial_\rho z)\boldsymbol{e}_z$, $(\partial_\phi x)\boldsymbol{e}_x+(\partial_\phi y)\boldsymbol{e}_y+(\partial_\phi z)\boldsymbol{e}_z$, $(\partial_z x)\boldsymbol{e}_x+(\partial_z y)\boldsymbol{e}_y+(\partial_z z)\boldsymbol{e}_z$ を単位化する．
(ii) は (i) を $\boldsymbol{e}_x, \boldsymbol{e}_y, \boldsymbol{e}_z$ について解けばよい．

3.6 (1) 右図

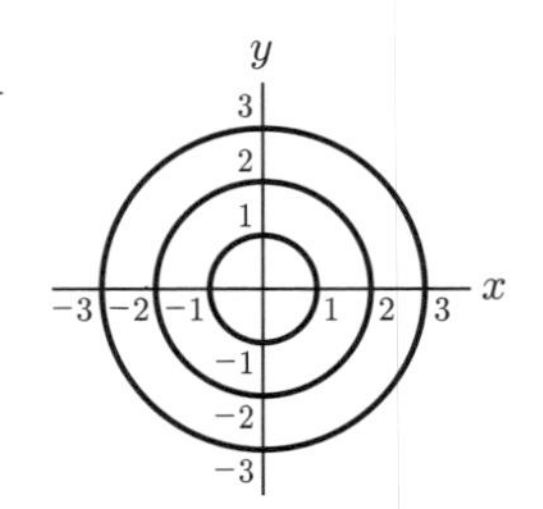

(2) $f=\sqrt{\dfrac{x^2}{4}+y^2}$

3.7

(1)

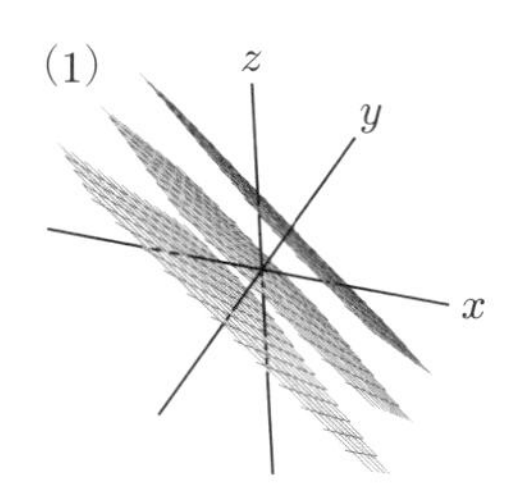

(2)

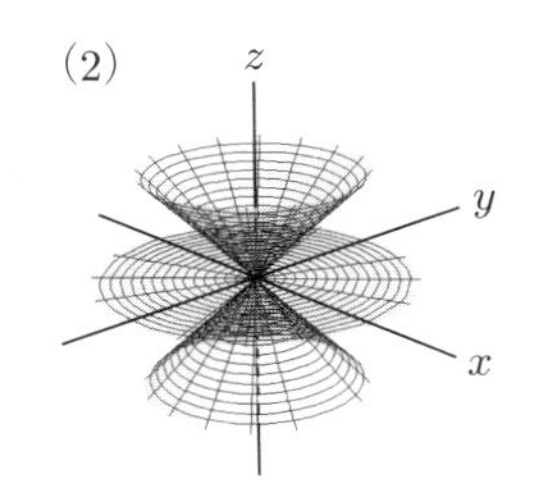

(3)

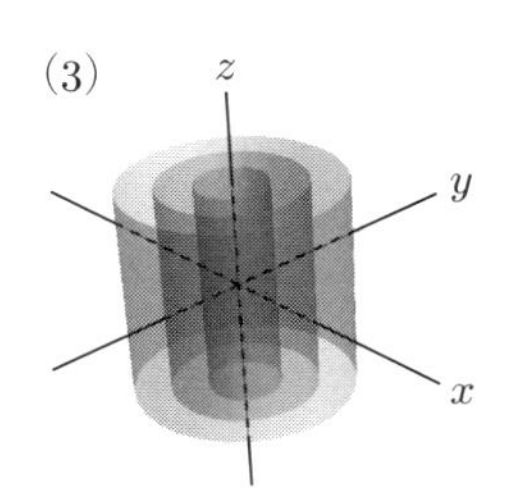

3.8 (1)

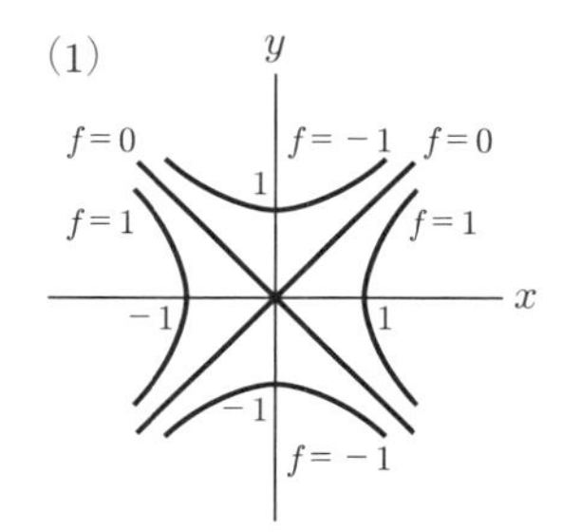

(2)

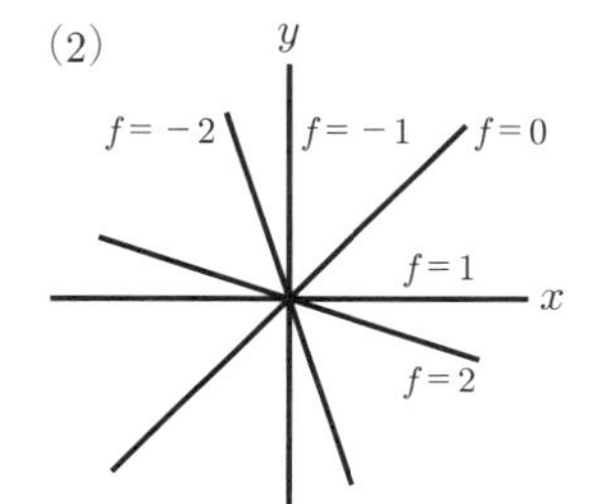

3.9 (1)

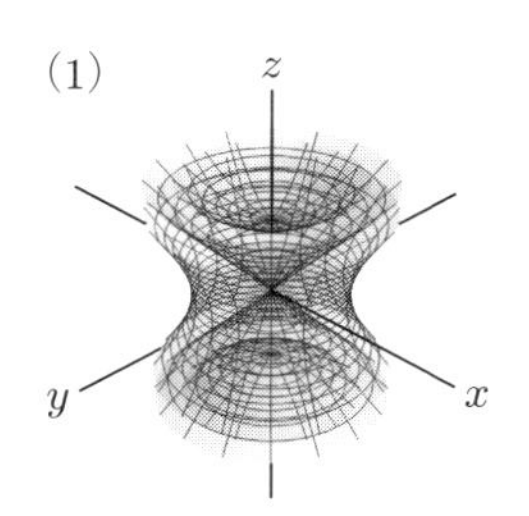

(2)

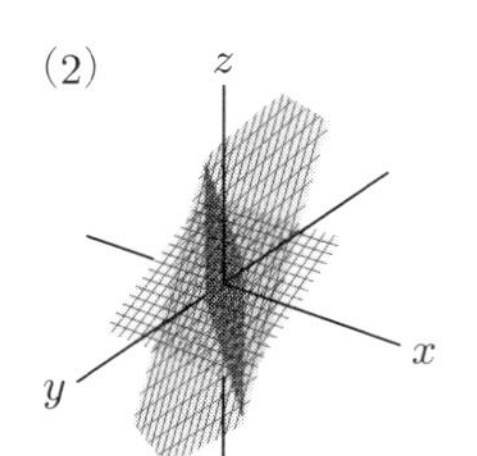

3.10 (1)

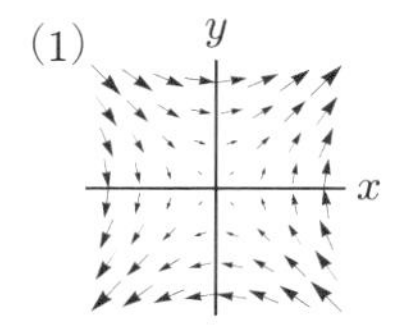

(2) (3)

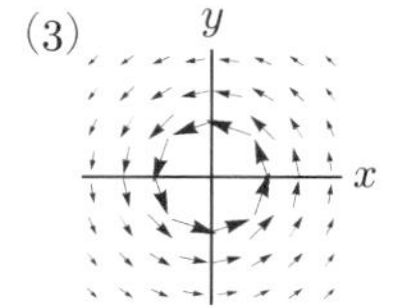

3.11 $v_x = \boldsymbol{e}_x \cdot (v_r\,\boldsymbol{e}_r + v_\theta\,\boldsymbol{e}_\theta) = v_r\cos\theta - v_\theta\sin\theta$. v_y も同様.

3.12 (1) $(0, r)$ (2) $(x-y, x+y)$

3.13 $v_\theta = (v_x\,\boldsymbol{e}_x + v_y\,\boldsymbol{e}_y + v_z\,\boldsymbol{e}_z)\cdot\boldsymbol{e}_\theta$ を計算する. v_ϕ も同様.

3.14 (i) を v_x, v_y, v_z について解く.

3.15 （i）は $v_\rho = (v_x \boldsymbol{e}_x + v_y \boldsymbol{e}_y + v_z \boldsymbol{e}_z) \cdot \boldsymbol{e}_\rho$ などより．

（ii）は（i）を解く．

3章の演習問題

1 (1)

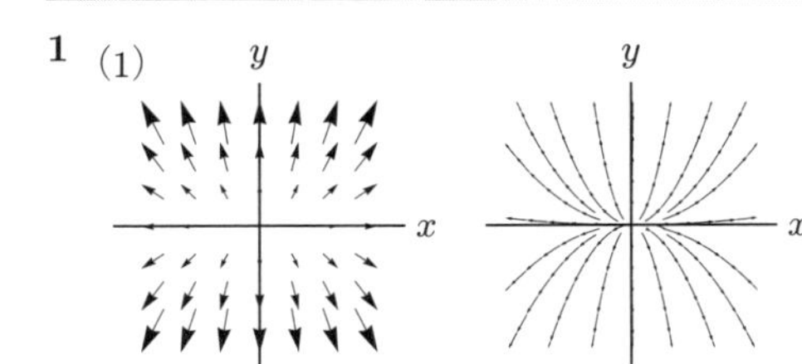

(2)

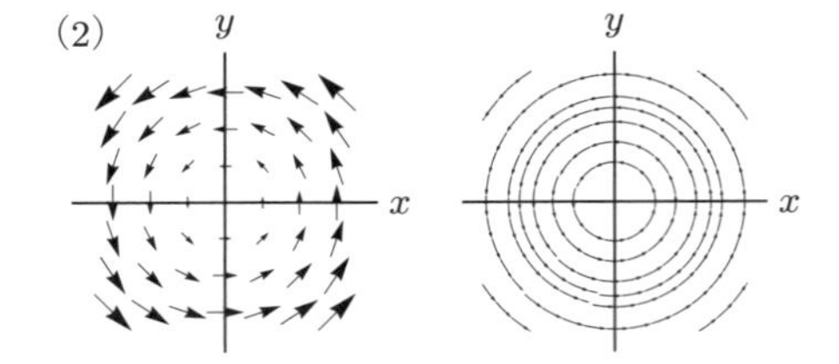

(3)

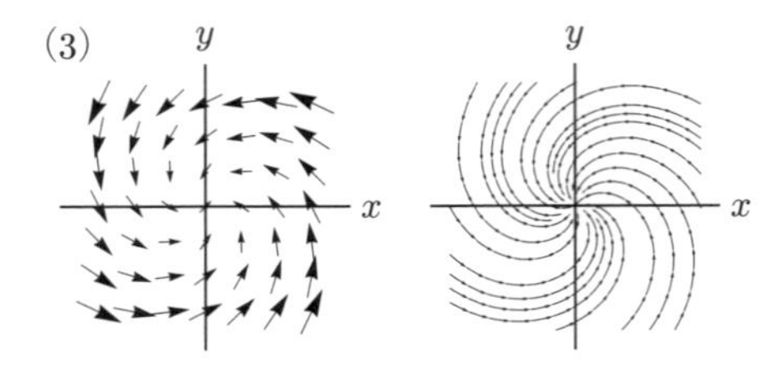

2 基本ベクトルの変換則は片側のみ書く．

(1) $\boldsymbol{e}_u = \dfrac{\boldsymbol{e}_x + \boldsymbol{e}_y}{\sqrt{2}}$, $\boldsymbol{e}_v = \dfrac{\boldsymbol{e}_x - \boldsymbol{e}_y}{\sqrt{2}}$

(2) $\boldsymbol{e}_r = \dfrac{3\cos\theta\,\boldsymbol{e}_x + 2\sin\theta\,\boldsymbol{e}_y}{\sqrt{9\cos^2\theta + 4\sin^2\theta}}$, $\boldsymbol{e}_\theta = -3\sin\theta\,\boldsymbol{e}_x + \dfrac{2\cos\theta\,\boldsymbol{e}_y}{\sqrt{9\sin^2\theta + 4\cos^2\theta}}$

(3) $\boldsymbol{e}_u = \dfrac{\sqrt{2}\sinh(u)\cos(v)}{\sqrt{\cosh(2u) - \cos(2v)}}$, $\boldsymbol{e}_v = \dfrac{\sqrt{2}\cosh(u)\sin(v)}{\sqrt{\cosh(2u) - \cos(2v)}}$

(1)

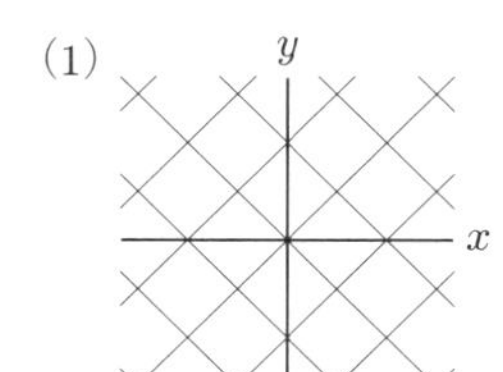

(2)

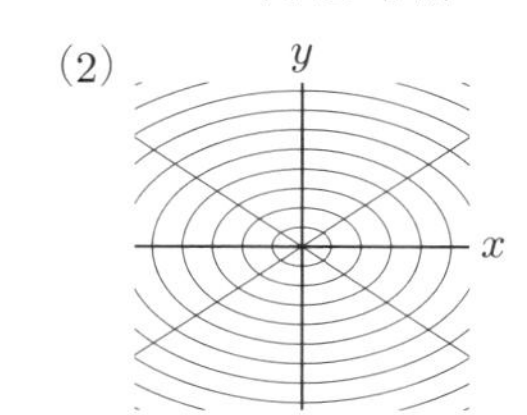

(3)

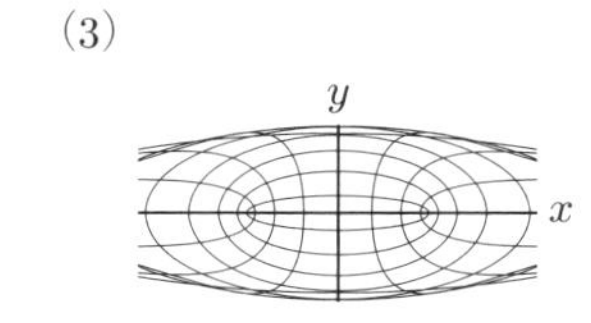

3　(1) $r=\sqrt{3}$　　(2) $\rho=1$　　(3) $z=x$

(1)

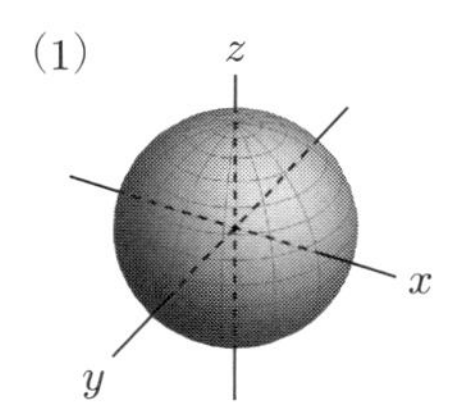

(2)

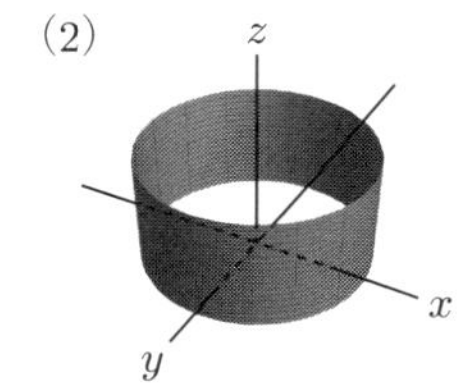

(3)

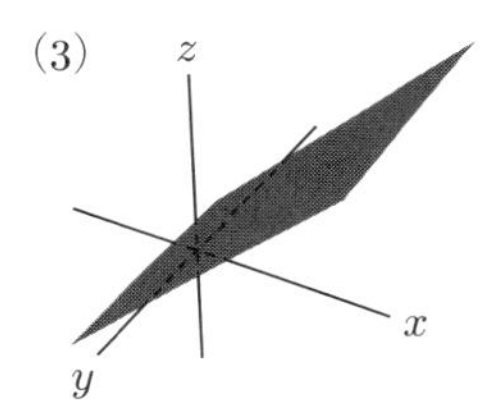

4　$\begin{bmatrix}\cos\phi & -\sin\phi & 0\\ \sin\phi & \cos\phi & 0\\ 0 & 0 & 1\end{bmatrix}\begin{bmatrix}\cos\theta & 0 & \sin\theta\\ 0 & 1 & 0\\ -\sin\theta & 0 & \cos\theta\end{bmatrix}\begin{bmatrix}0 & 1 & 0\\ 0 & 0 & 1\\ 1 & 0 & 0\end{bmatrix}$

5　$\boldsymbol{e}_r=\sin\theta\,\boldsymbol{e}_\rho+\cos\theta\,\boldsymbol{e}_z,\ \boldsymbol{e}_\theta=\cos\theta\,\boldsymbol{e}_\rho-\sin\theta\,\boldsymbol{e}_z,\ \boldsymbol{e}_\phi=\boldsymbol{e}_\phi$

$\boldsymbol{e}_\rho=\sin\theta\,\boldsymbol{e}_r+\cos\theta\,\boldsymbol{e}_\theta,\ \boldsymbol{e}_\phi=\boldsymbol{e}_\phi,\ \boldsymbol{e}_z=\cos\theta\,\boldsymbol{e}_r-\sin\theta\,\boldsymbol{e}_\theta$

4 章の問題

4.1　$\dfrac{x-1/\sqrt{2}}{-1/\sqrt{2}}=\dfrac{y-1/\sqrt{2}}{1/\sqrt{2}}=\dfrac{z-\pi/4}{1}$　（右図）

4.2　$ds=\sqrt{2+t^2}\,dt$,

$\sqrt{2}\,\pi\sqrt{1+2\pi^2}+\log(\sqrt{2}\,\pi+\sqrt{1+2\pi^2})$

4.3　$\sqrt{2}(e^{\pi}-1)$

4.4　略　　**4.5**　略

4.6　$\dfrac{17}{35}$　　**4.7**　$\dfrac{17}{12}$

4.8　$\sin(\pi^2)+\sin(\pi^3)$

4.9　0　　**4.10**　$8(2b-c)$

4 章の演習問題

1 接線：$\dfrac{x-1/8}{-3\sqrt{3}/8}=\dfrac{y-3\sqrt{3}/8}{9/8}$,

法線：$\dfrac{x-1/8}{9/8}=\dfrac{y-3\sqrt{3}/8}{3\sqrt{3}/8}$ （右図）

2 (1) $I_1=2\pi a^3$, $I_2=-2\pi a^2$, $I_3=2\pi a^2$

(2) $I_1=\dfrac{1}{3}\left(a^2+b^2\right)^{3/2}$, $I_2=\dfrac{1}{2}\left(a^2+b^2\right)$, $I_3=0$

(3) $I_1=0$, $I_2=0$, $I_3=2$

(4) $I_1=-\dfrac{8\pi}{3}$, $I_2=2\pi^2$, $I_3=4\pi$

(5) $I_1=\dfrac{5}{3}$, $I_2=-1$, $I_3=1$

3 全て 0　　**4** 2

5 $\dfrac{14}{3}\sqrt{21}$　　**6** (1) $\dfrac{32}{3}$　　(2) $-\dfrac{13}{2}$

7 (1) $3\sqrt{5}$　　(2) $\dfrac{8}{3}$　　**8** $\dfrac{40}{3}$

9 (1) 下図　　(2) $\boldsymbol{n}=\dfrac{(-2x,-2y,1)}{\sqrt{4x^2+4y^2+1}}$　　(3) 下図　　(4) $\dfrac{\pi}{4}$

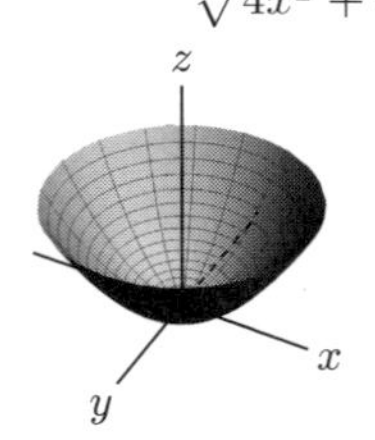

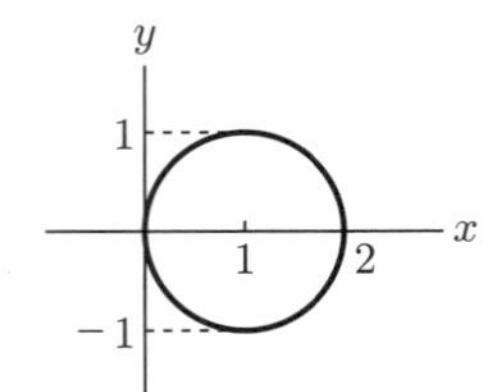

5 章の問題

5.1 $\dfrac{x-1}{3/4}=\dfrac{y-1}{-3\sqrt{2}/4}=\dfrac{z-1/2}{\sqrt{3}}$

5.2 (1) $dS=\rho_0\,d\phi dz$　　(2) $2\rho_0$

5.3 $\dfrac{26}{3}\pi a$　　**5.4** $\dfrac{8\sqrt{2}}{3}\pi$　　**5.5** $\dfrac{8}{3}a^3\pi$

5.6 $(x_1+x_2+y_1+y_2+z_1+z_2)(x_2-x_1)(y_2-y_1)(z_2-z_1)$

5 章の演習問題

1 $a^2(\phi_2 - \phi_1)(\cos\theta_1 - \cos\theta_2)$

2 $\dfrac{x-1}{-2} = \dfrac{y-1}{-2} = \dfrac{z-2}{1}$

3 (1) $I_1 = \dfrac{\sqrt{3}}{4}$, $I_2 = \dfrac{a+b+c}{6}$ (2) $I_1 = \dfrac{12\pi}{5}$, $I_2 = 4\pi$

(3) $I_1 = 88$, $I_2 = 24$ (4) $I_1 = a^2h\pi + ah^2\pi$, $I_2 = -a^2h\pi$

4 全て 0 **5** $\dfrac{13}{2}$ **6** 4 **7** 96

8 (1) $\dfrac{8}{3}\pi$ (2) $\sqrt{x^2 + y^2 + \dfrac{z^2}{16}}$ (3) 6π **9** $\dfrac{52}{5}\pi$

6 章の問題

6.1 略 **6.2** $\dfrac{4}{15}\pi$ **6.3** $\dfrac{3q\rho}{2\pi a^3 h}$

6 章の演習問題

1 $\dfrac{1}{3}(r_2^3 - r_1^3)(\cos\theta_1 - \cos\theta_2)(\phi_2 - \phi_1)$

2 $\dfrac{1}{2}(r_2^2 - r_1^2)(\phi_2 - \phi_1)(z_2 - z_1)$

3 (1) $\dfrac{12\pi a^7}{35}$ (2) $4\pi a$ (3) $\dfrac{2}{5}\left(2 - \sqrt{2}\right)\pi a^5$

(4) $\dfrac{1}{6}\pi a^2 h\left(3a^2 + 2h^2\right)$ (5) $8a^5$ (6) $\dfrac{4\pi}{3a^3}$ (7) $2\pi ah$ (8) $\dfrac{2\pi h}{a}$

4 全て 0

7 章の問題

7.1 (1) $\left(\dfrac{ax}{\sqrt{ax^2 + by^2}}, \dfrac{by}{\sqrt{ax^2 + by^2}}\right)$

(2) $(-x(x^2 + y^2)^{-3/2}, -y(x^2 + y^2)^{-3/2})$

7.2 (1) $(3, -4)$ (2) $\dfrac{(-3, 4)}{5}$, -5 (3) $\pm\dfrac{(4, 3)}{5}$

7.3 (1) $-r^{-2}\boldsymbol{e}_r$ (2) $\dfrac{1}{\cos^2\theta}\boldsymbol{e}_\theta$

7.4 $x+z=0$ **7.5** (1) $\boldsymbol{e}_r$ (2) $\dfrac{1}{\phi}\boldsymbol{e}_\phi$ (3) $f=2\rho\,\boldsymbol{e}_\phi$

7章の演習問題

1 円柱座標の微分作用素の変換と，基本ベクトルの変換を使う．

2 球座標の微分作用素の変換と，基本ベクトルの変換を使う．

3 略 **4** 略

8章の問題

8.1 (1) 0 (2) 0 **8.2** 略

8.3 (1) $\dfrac{\cos\theta}{r}$ (2) $\dfrac{f(\theta)}{r}$

8.4 略 **8.5** (1) $2(xy+yz+zx)$ (2) 0 **8.6** 略

8.7 (1) 3 (2) $-\rho^{-2}$ **8.8** 略 **8.9** 略

8章の演習問題

1 略 **2** 略 **3** 略

4 $f=\dfrac{c}{r}$ **5** $f=\dfrac{c}{r^2}$ **6** $f=\dfrac{c}{\rho}$

7 $f=\dfrac{a}{r}+b$ **8** $f=a\log\rho+b$ **9** $4x^3z-3xyz^2+3y^2z$

10 (1) $\left\{\dfrac{3mxz}{(x^2+y^2+z^2)^{5/2}}, \dfrac{3myz}{(x^2+y^2+z^2)^{5/2}}, -\dfrac{m\left(x^2+y^2-2z^2\right)}{(x^2+y^2+z^2)^{5/2}}\right\}$

(2) 0

9章の問題

9.1 (1) 2 (2) 0 **9.2** 略 **9.3** 略

9.4 (1) $\dfrac{1}{r}$ (2) 2

9.5 (1) $(-y^2,-z^2,-x^2)$ (2) $(0,0,0)$

9.6 略　**9.7** 略　**9.8** 略　**9.9** (1) 0　(2) $-2\rho\,\boldsymbol{e}_\phi$

9.10 (1) $\dfrac{1}{\tan\theta}\boldsymbol{e}_r - 2\,\boldsymbol{e}_\theta$　(2) 0

9章の演習問題

1 略　**2** $(-y^3 - xz^3, x^4 + yz^3, 0)$　**3** 略

4 (1) 0

(2) $$\left(\frac{a_x\left(2x^2-y^2-z^2\right)+3x(a_y y+a_z z)}{(x^2+y^2+z^2)^{5/2}}, \frac{3y(a_x x+a_z z)-a_y\left(x^2-2y^2+z^2\right)}{(x^2+y^2+z^2)^{5/2}}, \frac{3z(a_x x+a_y y)-a_z\left(x^2+y^2-2z^2\right)}{(x^2+y^2+z^2)^{5/2}}\right)$$

5 (1) $\dfrac{1}{3}$　(2) $(2, 0, -12)$, $(-46, 6, 0)$

10章の問題

10.1 (1) $a^4 - a^3$　(2) 0　**10.2** $2b^3$

10.3 (1) -59　(2) 0　**10.4** $2\sqrt{5}\,\pi$

10章の演習問題

1 (1) $b^2 - a^2$　(2) $\dfrac{\pi}{2}$　**2** (1) 13　(2) 0

3 (1) (i) (a, b, c)　(ii) $(2ax, 2by, 2cz)$　(iii) $k(x^2+y^2+z^2)^{-1/2}(x, y, z)$

(2) (i) $b + c$　(ii) $b + c$　(iii) $\dfrac{k(\sqrt{3}-3)}{3}$　(3) 略

4 略　**5** 略

11章の問題

11.1 両辺とも $-\pi a^2$

11.2 (1) 両辺とも $2ab\pi$　(2) 両辺とも $ab\pi$

11.3 (1) $\dfrac{3\pi}{\sqrt{2}}$　(2) $\dfrac{1}{2}|ad - bc|$　(3) $\dfrac{3}{2}\pi$

11.4 a^2　**11.5** $\boldsymbol{v} = (\partial_y f, -\partial_x f)$ としてストークスの定理を使う．

11.6 -4π **11.7** (1) $\frac{1}{2}|ad-bc|$ (2) 9π (3) 6π **11.8** 略

11章の演習問題

1 略 **2** 略 **3** 略

4 (1) $\frac{(-y,x,0)}{\sqrt{x^2+y^2}}$ (2) $\mathbf{0}, 0$ (3) 2π (4) 2π (5) 略

12章の問題

12.1 (1) 両辺とも 0 (2) 両辺とも 1

12.2 (1) $6\sqrt{6}\,\pi$ (2) $|ad-bc|$ (3) 6π

12.3 略 **12.4** 略 **12.5** 両辺とも $4\pi a^3$

12.6 (1) $(a+b+c)\frac{4}{3}\pi$ (2) $\frac{128}{5}\pi$ (3) $\frac{4}{3}\pi abc$

(4) 0 (5) $\frac{\sqrt{2}}{12}a^3$

12.7 略

12章の演習問題

1 略 **2** α **3** 略 **4** 略 **5** (1) $3V$ (2) $(a+b+c)V$

6 (1) $0,\ (y-z, z-x, x-y)$ (2) $\frac{(x,y,z)}{\sqrt{x^2+y^2+z^2}},\ (0,0,1)$ (3) $\frac{\pi}{4}$

7 (1) $\pi,\ \frac{\pi}{3},\ \pi$ (2) $(0,0,-1),\ \frac{(\cos\phi, \sin\phi, 1)}{\sqrt{2}}$

(3) $(0,0,1),\ \sqrt{2}\,\pi,\ \frac{\pi}{2}$

8 (1) $-\frac{(x,y,z)}{r^3}$ (2) 0 (3) 0 (4) -4π

9 右辺にガウスの定理を適用する．8 章の演習問題 1 を使う．

13 章の問題

13.1 (1) rot $\boldsymbol{v} = 0$ を示せばよい． (2) $e^x \cos y$（+ 定数） (3) $e^{2\pi} - 1$

13.2 (1) rot $\boldsymbol{v} = 0$ を示せばよい． (2) $\log r$ (3) $\log a$

13.3 (1) rot $\boldsymbol{v} = \boldsymbol{0}$ を示せばよい． (2) xy^2z^3 (3) $4\pi^4$

13.4 (1) rot $\boldsymbol{v} = \boldsymbol{0}$ を示せばよい． (2) $\sin\theta$ (3) $\dfrac{1}{\sqrt{1+a^2}} - 1$

13.5 (1) rot $\boldsymbol{v} = \boldsymbol{0}$ を示せばよい． (2) ρ (3) 2π

13.6 (1) 略 (2) $-\log\rho\,\boldsymbol{e}_z$ (3) 0

13 章の演習問題

1 (1) $\boldsymbol{0}$ (2) 略 (3) $x^2 + xy\cos z$

2 (1) 略 (2) $\mathrm{grad}\,\phi = \dfrac{C}{r^3}(x\boldsymbol{e}_x + y\boldsymbol{e}_y + z\boldsymbol{e}_z)$ (3) 0, 0

14 章の問題

14.1 電荷の質量を m とする．

$$\frac{d}{dt}(\boldsymbol{v}\cdot\boldsymbol{v}) = 2\left(\frac{d\boldsymbol{v}}{dt}\cdot\boldsymbol{v}\right) = 2\left(\left(\frac{q}{m}\boldsymbol{v}\times\boldsymbol{B}\right)\cdot\boldsymbol{v}\right) = 0$$

14.2 略 **14.3** $\dfrac{\mu_0 I}{2\pi}\dfrac{\boldsymbol{i}\times\boldsymbol{x}}{|\boldsymbol{i}\times\boldsymbol{x}|^2}$

14.4 $\partial_t\rho_e + \mathrm{div}\,\boldsymbol{i}_e = \partial_t(\varepsilon_0\,\mathrm{div}\,\boldsymbol{E}) + \mathrm{div}\left(\dfrac{1}{\mu_0}\mathrm{rot}\ \boldsymbol{B} - \varepsilon_0\partial_t\boldsymbol{E}\right)$

$$= \frac{1}{\mu_0}\mathrm{div\ rot}\,\boldsymbol{B} = 0$$

14 章の演習問題

1 略 **2** 略 **3** 略

4 (1) (2) 略

(3) (2) の第 1 項と第 3 項は 0 になり，第 2 項は $4\pi(X, Y, Z)$ となる．

付録の問題

A.1 略 **A.2** $\frac{1}{2}ma^2$ **A.3** $\frac{1}{3}ma^2$ **A.4** $\frac{1}{6}ma^2$

A.5 略 **A.6** 略 **A.7** 略 **A.8** 略

付録の演習問題

1 (1) $\frac{1}{3}\sin^2\alpha ma^2$ (2) $\frac{ma^2}{2}(2-\cos^2\alpha)$

(3) $\frac{7}{15}ma^2$ (4) $\frac{m(e^2-5)}{e^2-1}$

2 (1) $\frac{1+\cos^2\alpha}{4}ma^2$ (2) $\frac{1+\cos^2\alpha}{12}ma^2$ (3) $\frac{149}{130}m$ (4) $\frac{7}{9}ma^2$

3 (1) $\frac{2}{3}ma^2$ (2) $\frac{3}{10}ma^2$ (3) $\frac{7}{5}ma^2$ (4) $\frac{1}{3}m(a^2+b^2)$

参考文献

[1] 筧 三郎 「工科系 線形代数 [新訂版]」 数理工学社，2014.

[2] 高橋大輔 「理工基礎 線形代数」 サイエンス社，2000.

[3] 足立恒雄 「理工基礎 微分積分学 I －1 変数の微積分－」 サイエンス社，2001.

[4] 足立恒雄 「理工基礎 微分積分学 II －多変数の微積分－」 サイエンス社，2002.

[5] 寺田文行 「複素関数の基礎」 サイエンス社，1996.

[6] 今井 功 「複素解析と流体力学」 日本評論社，1989.

[7] 志賀浩二 「ベクトル解析 30 講」 朝倉書店，1989.

[8] 薩摩順吉 「物理の数学」 岩波書店，1995.

[9] 和達三樹 「物理のための数学」 岩波書店，1983.

[10] 米田 元「理工系のための微分積分入門」サイエンス社，2009.

[11] 米田 元「理工基礎 演習 微分積分」サイエンス社，2011.

[12] 米田 元・本間泰史・高橋大輔「大学新入生のための 基礎数学」サイエンス社，2010.

[13] 小林 亮・高橋大輔「ベクトル解析入門」東京大学出版会，2003.

[14] 砂川重信「電磁気学」岩波書店，1987.

索　　引

あ　行

か　行

さ　行

た　行

な　行

は　行

ま　行

や　行

ら　行

著者略歴

筧　三郎（かけい　さぶろう）

1995年　東京大学大学院工学系研究科博士課程修了
現　在　立教大学理学部教授　博士（工学）

主要著書
「工科系 線形代数［新訂版］」（数理工学社，2014）

米田　元（よねだ　げん）

1995年　早稲田大学大学院理工学研究科博士後期課程修了
現　在　早稲田大学理工学術院教授　博士（理学）

主要著書
「理工系のための微分積分入門」（サイエンス社，2009）
「大学新入生のための基礎数学」（共著，サイエンス社，2010）
「理工基礎 演習 微分積分」（サイエンス社，2011）

ライブラリ新数学大系＝**E6**
理工基礎 ベクトル解析

2018年7月25日©　初版発行

著者　筧　三郎　　発行者　森平敏孝
　　　米田　元　　印刷者　山岡景仁
　　　　　　　　　製本者　米良孝司

発行所　**株式会社　サイエンス社**
〒151–0051　東京都渋谷区千駄ヶ谷1丁目3番25号
営業　☎（03）5474–8500（代）　振替 00170–7–2387
編集　☎（03）5474–8600（代）
FAX　☎（03）5474–8900

印刷　三美印刷　　製本　ブックアート

ISBN 978-4-7819-1426-8

PRINTED IN JAPAN

サイエンス社のホームページのご案内
http://www.saiensu.co.jp
ご意見・ご要望は
rikei@saiensu.co.jp まで．